高等技术应用型人才机电类专业规划教材

精密测量与逆向工程

主编 李 敏

副主编 王淑梅

U0302881

电子工业出版社

Publishing House of Electronics Industry

北京·BEIJING

内 容 简 介

本书以培养学生的精密机械检测能力与逆向造型能力为目标,采用"任务驱动型"方法编写。在完成任务的过程中学习理论知识,提升技能水平。整书的任务安排由易到难,循序渐进,十分贴合技工院校学生的实际情况。

本书将精密检测基础知识与精密检测仪器的操作有机结合,在此基础上引入逆向工程与快速成型技术相关知识的讲解与训练。兼顾实用性和先进性,注重学生能力的培养。

本书可作为职业院校机电类专业及相近专业的教学用书,也可作为相关行业的岗位培训教材或供自学者参考。

图书在版编目(CIP)数据

精密测量与逆向工程/李敏主编.--北京:电子工业出版社,2015.2
ISBN 978-7-121-25181-8

Ⅰ.①精…　Ⅱ.①李…　Ⅲ.①精密测试－测试技术－高等学校－教材　Ⅳ.①TG806

中国版本图书馆 CIP 数据核字(2014)第 297886 号

责任编辑:贺志洪　　　　　　　　特约编辑:张晓雪　薛　阳
印　　刷:三河市良远印务有限公司
装　　订:三河市良远印务有限公司
出版发行:电子工业出版社
　　　　　北京市海淀区万寿路 173 信箱　邮编　100036
开　　本:787×1092　1/16　印张:13　字数:333 千字
版　　次:2015 年 2 月第 1 版
印　　次:2023 年 1 月第 13 次印刷
定　　价:32.00 元

凡所购买电子工业出版社图书有缺损问题,请向购买书店调换。若书店售缺,请与本社发行部联系,联系及邮购电话:(010)88254888,88258888。

质量投诉请发邮件至 zlts@phei.com.cn,盗版侵权举报请发邮件至 dbqq@phei.com.cn。

服务热线:(010)88254609 或 hzh@phei.com.cn。

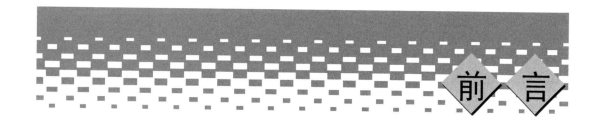

前言

　　随着科技的不断发展进步,机械加工对工件加工的精度和速度有了很高的要求,同时对精密测量仪器的精度及各方面要求也不断提高。精密测量技术是机械工业发展的基础和先决条件之一。精密加工精度的提高总是与精密测量技术的发展水平相关的。

　　近年来,精密测量技术发展迅速,成果喜人。为了保证产品质量,企业在产品测量环节投入了大量的人力和物力,社会急需大量掌握精密测量技能的人才。本教材为了更好地培养精密测量领域的高技能人才而编写。

　　本书共分 5 个学习模块,主要由 3 部分内容组成,即精密检测基本知识(模块 1)、精密测量仪器的使用(模块 2、模块 3)、逆向工程与快速成型技术(模块 4、模块 5)。其中精密检测基本知识中对公差配合的知识进行了介绍,让学生对公差基础知识进行更好的巩固;精密测量仪器的使用中介绍了通用量具、影像测量仪、表面粗糙度测试仪、三坐标测量机的使用,其中三坐标测量机的使用是重点;逆向工程和快速成型技术中对相关原理进行了介绍,并详细讲解了逆向造型软件 Geomagic studio 的造型过程。

　　本教材的编写采用"任务驱动型"教学方法,力求贯彻先进的教学理念,以技能训练为主线,相关知识为支撑,较好地处理理论教学与技能训练的关系,切实贯彻落实职业院校"一体化教学"的理念。

　　本书由李敏主编,王淑梅副主编,朱雯、施益奇等人参加编写。由于精密测量技术发展迅速,知识更新快,而编者水平有限,书中不妥之处在所难免,恳请读者及专业人士提出宝贵意见和建议,以便今后不断加以完善。

　　杭州博洋科技有限公司、苏州怡信科技有限公司、上海欧兰智能科技发展有限公司、北京殷华科技有限公司、杰魔(上海)软件有限公司为本书的编写提供了硬件支持及素材,在此表示衷心的感谢。

　　最后,感谢电子工业出版社为本书的出版所提供的帮助。

编　者
2014 年 6 月

目 录

模块1

测量基础知识

测量技术是工业发展的基础，高科技的工业一刻也离不开测量技术。加工精度的提高对精密测量技术的发展提出了更高的要求。

任务 1.1　精密测量技术概论

任务目标

- 认识常用的计量器具；
- 掌握测量方法的基本分类；
- 了解拟定测量方法时应该考虑的问题。

任务内容

1. 参观精密测量实训室，说出图 1-1-1 所示计量器具的名称，并进行归类。

对图 1-1-1 所示计量器具进行分类。

属于量具的有：_____；

属于量规的有：_____；

属于计量仪器的有：_____；

属于计量装置的有：_____。

2. 测量数控加工实训中所加工的工件，变换条件重复多次测量，注意观察环境因素（温度、湿度、振动等）对测量结果的影响，并分析如何减少这些因素的影响。

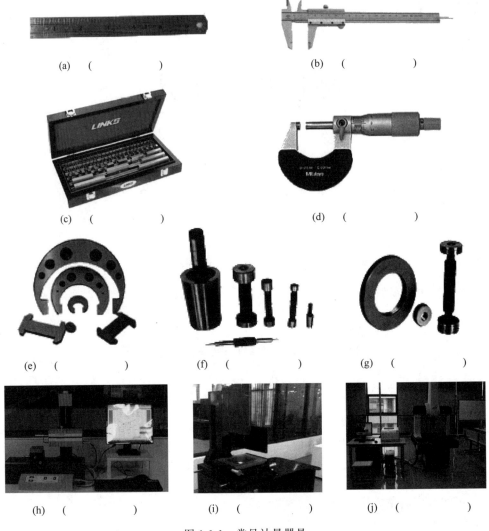

(a)　(　　　　　)
(b)　(　　　　　)
(c)　(　　　　　)
(d)　(　　　　　)
(e)　(　　　　　)
(f)　(　　　　　)
(g)　(　　　　　)
(h)　(　　　　　)
(i)　(　　　　　)
(j)　(　　　　　)

图 1-1-1　常见计量器具

任务分析

　　目前,在基础工业的某些领域,精密测量已成为不可分割的重要组成部分。在电子工业、光学加工等部门,精密测量技术也被提到从未有过的高度。例如超大规模集成电路、大口径空间望远镜、激光武器反射镜等的超精密加工中都需要有精密测量技术的保证。因此,掌握精密测量的相关知识是十分必要的。

相关知识

一、精密测量技术的发展

　　世上万物千差万别,含有大量的信息。无论是现代化大生产、科学研究,还是人们的日常生活、医疗保健,所处环境无不包含着大量的有用信息。正像物质和能源是人类生存和发展所必需的资源一样,信息也是一种不可缺少的资源。物质提供各种各样有用的材料;能源提供各种形式的动力;而信息向人类所提供的则是无穷无尽的知识和智慧。信息化是当今社会的一大特征,检测技术作为信息科学的一个分支起着越来越重要的作用。我国著名科学家钱学森院士指出:"新技术革命的关键技术是信息技术。信息技术由测量技术、计算机技术、通信技术三部分组成,测量技术是关键和基础。"

精密测量技术是机械工业发展的基础和先决条件之一。精密加工精度的提高总是与精密测量技术的发展水平相关的。精密测量是精密加工的重要组成部分,精密加工的精度要依靠测量精度来保证,测量精度一般应比被测件的精度要求高一个数量级。

随着科技的不断发展进步,对工件的精度有了很高的要求,同时精密测量仪器的精度及各方面要求也不断提高,主要在以下几个方面有所体现。

(1) 精度:测量精度由 μm 级向 nm 级发展。

1926~1969 年,Zeiss 小型工具显微镜,精度为 $0.01mm \sim 0.01\mu m$。

1985 年,隧道显微镜,精度为 0.01nm,可测原子或分子的尺寸或形貌。

(2) 范围:二维测量向三维测量发展。

由点测量向面测量过渡,提高整体测量精度,如三坐标测量仪、三维扫描、全息摄影等。

(3) 尺寸:小到 nm 级、大到飞机的机架。

(4) 种类:从通用量仪(如显微镜,三坐标测量仪等)向专用量仪(如圆度仪、单啮仪、气动量仪、电感测微仪等)发展。

近年来,精密测量技术发展迅速,成果喜人。例如在线测量技术,已可进行加工状态的实时显示,及时检测是否出现异常状况,从而可大幅度地提高生产效率。对于机床控制装置,则要求高精度化、低成本和小型化。因为诸如汽车发动机等均要求其组成零部件必须具有非常高的精度,以便减少噪声、防止环境污染和节省能耗,这些都是时代对制造业提出的紧迫要求。

在高精度加工和质量管理过程中,随着光机电一体化、系统化的进展,光学测量技术有了迅速的发展,相应的测量机产品大量涌现,测量软件的开发也日益受到重视。

利用光学原理开发的非接触测量机及各种装置非常多。随着非接触、高效率测量机的大量出现,专家们预计,21 世纪测量技术的发展方向大致如下:

• 不断应用新的物理原理及新的技术成就,如图像处理等。

• 高精度。

• 高速度、高效率。

• 测量方式向多样化、非接触、数字化发展。

• 高灵敏、高分辨、小型化、集成化。

• 标准化。随着标准化体制的确立和测量不确定度的数值化,将有效提高测量的可靠性。

• 实现各种溯源(自标定、自校准)的要求。

• 围绕微型机械设计理论开展的测试、理论分析工作。

总之,测量技术必须实现高精度化,同时也要求实现高速化和高效率化。因此,非接触测量和高效率测量也就必然成为新世纪精密测量技术的重要发展方向。

二、测量的基本概念

1．计量学

计量学是关于测量的科学，是研究测量，保证量值统一和准确的一门科学。计量学既属于自然科学，又属于社会科学（双重属性）。其研究内容包括：

（1）计量单位及其基准、标准的建立、复制、保存和使用。

（2）量值传递、计量原理、计量方法、计量不确定度以及计量器具的计量特性。

（3）计量人员进行计量的能力。

（4）计量法制和管理。

（5）有关计量的一切理论和实际问题。

2．有关测量的几个术语

（1）测量：是以确定量值为目的的一组操作，也就是为确定被测对象的量值而进行的实验过程。

（2）测试：是指具有试验性质的测量，也可理解为试验和测量的全过程。

（3）检验：是判断被测物理量是否合格，通常不一定要求测出具体值。因此检验也可理解为不要求知道具体值的测量。检验的主要对象是工件（通常用量规）。

（4）检定：为评定计量器具是否符合法定要求所进行的全部工作，它包括检查、加标记和出具检定证书。检定的主要对象是计量器具。

（5）比对：在规定的条件下，对相同不确定度等级的同类基准、标准或工作用计量器具之间的量值进行比较的过程。

3．测量过程

将被测量与一个作为测量单位的标准量进行比较，以求其比值的过程。测量过程可以用一个基本公式表示：

$$L = Ku \tag{1-1}$$

式中，L ——被测量，在长度测量中指被测长度；

u ——标准量，在长度测量中是长度单位；

K——比值。

式（1-1）被称为测量的基本方程式。它说明被测值 L 等于所用的长度单位 u 与测量比值 K 的乘积。例如：u 为 1mm，$K=50$，则被测长度为 50mm。

4．测量过程四要素

任何一个完整的测量过程，都包括被测对象、计量单位、测量方法和测量精度四个方面，通常将它们统称为测量过程四要素。被测对象的结构特征和测量要求在很大程度上决定了测量方法。测量方法是指测量时所采用的计量器具和测量条件的综合。测量精度是指测量结果与其真值的一致程度。

（1）被测对象。被测对象包括长度、角度、形状、相对位置和表面粗糙度等。就被测零件来说，应考虑到它的大小、重量、批量、精度要求、形状复杂程度和材料等因素对测量的影响。

（2）计量单位。计量单位是指用以定量表示同类量值的标准量。我国颁布的法定计量单位中,几何量中长度的基本单位为米（m）,平面角的角度单位为弧度（rad）及度、分、秒。机械制造中常用毫米（mm）作为计量单位,在精密测量中采用微米（μm）甚至纳米（nm）来计量。

（3）测量方法

测量方法是指根据给定的测量原理,在实际测量中运用该测量原理和实际操作,以获得测量数据和测量结果。

广义地说,测量方法可以理解为测量原理、测量器具和测量条件（环境和操作者）的总和。在实施测量的过程中,应该根据被测对象的特点（如材料硬度、外形尺寸、生产批量、制造精度、测量目的等）和被测参数的定义来拟定测量方案、选择测量器具和规定测量条件,合理地获得可靠的测量结果。

测量方法的分类:

① 按测量结果获得的方法不同分类（即按实测量 x 是否为被测之量 y 分类）,可以分为直接测量和间接测量

- 直接测量:由计量器具直接获得被测量的测量方法,即 $y=x$,如用游标卡尺、千分尺测量轴径。

- 间接测量:测量与被测量之间有已知函数关系的其他量,再经计算得到被测量的测量方法。即按相应的函数关系换算被测量 $y=f(x_1,x_2,\cdots)$。

② 按示值不同分类,可以分为绝对测量、相对测量。

- 绝对测量:指计量器具显示或指示的示值为被测量的全值的测量方法。

- 相对测量:指计量器具显示或指示的示值仅为被测量相对于某已知标准量的偏差值的测量方法（比较测量）。

③ 按测量仪表是否与被测物体相接触分类,可以分为接触测量法、非接触测量法。

- 接触测量法:检测仪表的传感器与被测对象直接接触,承受被测参数的作用,感受其变化,从而获得信号,并测量其信号大小的方法,称接触测量法。

- 非接触测量法:检测仪表的传感器不与被测对象直接接触,而是间接承受被测参数的作用,感受其变化,从而获得信号,以达到测量目的的方法,称非接触测量法。

④ 按工件上被测参数多少分类,可以分为单项测量、综合测量。

- 单项测量:对工件上的各被测量进行独立测量。

- 综合测量:检测零件几个参数的综合效应。

⑤ 按测量在工艺过程中所起作用分类,可以分为主动测量和被动测量。

- 主动测量:在加工过程中进行的测量。其测量结果直接用来控制零件的加工过程。

- 被动测量:加工完成后进行的测量。其结果仅用于发现并剔除废品,所以被动测量又称消极测量。

⑥ 按测量对象的特点分类,可以分为静态测量法和动态测量法。

- 静态测量法:静态测量方法是指被测对象处于稳定情况下的测量。

- 动态测量法：动态测量是指在被测对象处于不稳定的情况下进行的测量。

（4）测量精度（不确定度）。测量精度是指被测几何量的测量结果与其真值相一致的程度。在测量过程中，由于各种因素的影响，不可避免地会产生或大或小的测量误差。测量误差小，则测量精度高；测量误差大，则测量精度低。

不考虑测量精度而得到的测量结果是没有任何意义的。真值的定义为：当某量能被完善地确定并能排除所有测量上的缺陷时，通过测量所得到的量值。

由于测量会受到许多因素的影响，其过程总是不完善的，即任何测量都不可能没有误差。因此对于每一个测量值都应给出相应的测量误差范围，说明其可信度。

三、测量基准

1. 米制长度基准

长度计量基准是指以现代科学技术所能达到的最高准确度，保存和复现"米"的整套装备。长度计量基准是各国之间和一个国家内部统一长度单位的基准，也是保证量值准确和实现互换性的基础。"米"是长度计量的基本单位。

18 世纪以前，世界各国各自规定长度单位，很不统一。18 世纪末，法国科学院受法国国民议会委托，提出"米制"概念。它将通过巴黎天文台的地球子午线长度的四千万分之一定义为"米"。

1792～1798 年，在西班牙的巴塞罗那和法国的敦刻尔克间进行三角测量，得出通过巴黎天文台的地球子午线从赤道到地极点的距离，并以它的千万分之一（相当于地球子午线的四千万分之一）作为一米的长度，于 1799 年用铂金制成横截面积为 25.3×4.05 毫米^2 的矩形端面基准米尺，米尺两端面间的距离即为一米。它保存在法兰西共和国档案局，所以称为"档案米尺"，又称"阿希夫米尺"。

由于阿希夫米尺的本身和复现精确度都不高，1875 年有 20 个国家参加的国际米制会议上决定，成立国际计量局并制造基准米尺。1888 年，国际计量局从 30 根用铂铱合金制成的尺子中选出与阿希夫米尺长度最接近的第六号米尺作为国际基准，此即"国际基准米尺"。其复现精确度可以达到千万分之一。

1889 年，第一届国际计量大会正式承认并重新把"米"定义为："在零摄氏度时，保存在国际计量局中的铂铱米尺的两中间刻线间的距离。"从此，"米"的定义由端面距离转为刻线间距离。

但用刻线间距离来定义米的方法也有缺点，如刻线质量和材质稳定性等都会影响其尺寸稳定性和复现精确度的提高，而且一旦毁坏，就再也无法复现。

1893 年，美国物理学家迈克耳逊等用镉红线光波波长与铂铱基准米尺对比，从而提供了用光波波长作为长度基准的可能性。1895 年，第二届国际计量大会确认镉红线光波波长为"米"定义的旁证。在 1927 年第七届国际计量大会上，决定将镉红线在温度为 15℃，大气压力为 101325 帕和二氧化碳含量为 0.03％的干燥空气中的波长 0.64384696 微米，作为米的旁证基准，即 1 米＝1553164.13 个旁证基准，而以国际基准米尺复现"米"的定义仍继续保持不变。

1950 年以后，由于同位素光谱光源的发展，出现了一些复现精确度高、单色性好的光源。这导致 1960 年的第十一届国际计量大会通过以"氪-86 的辐射光波长"定义"米"的决定。这个"米"的定义是："长度米等于氪-86 原子在 2P10 和 5D5 能级之间跃迁时，其辐射光在真空中的波长的 1650763.73 倍。"同时宣布废除 1889 年确定的米定义和国际基准米尺。这样"米"在规定的物理条件下在任何地点都可以复现，所以也称之为自然基准，其复现精确度可达二亿五千万分之一。

1960 年出现了激光，由于它具有良好的单色性和复现精确度，导致 1983 年通过新的米定义，和宣布废除以氪-86 辐射光波长定义"米"的决定。

在 1983 年 10 月召开的第十七届国际计量大会上，通过了现行"米"的定义：米是"光在真空中 1/299792458 秒的时间间隔内所行进路程的长度"。

现行"米"定义的特点是，定义本身与复现方法分开，长度基准不再是某一种规定的长度或辐射波长，但它可以通过一些辐射波长或频率来复现。因此"米"的复现精确度不再受米定义的限制，它将随着科学技术的发展而相应地提高。

在机械制造中，应用较多的基准辐射是碘、甲烷分子饱和吸收稳频的氦氖激光。它们的复现精确度，可高达一百亿分之一。但这类辐射光源的频稳系统很复杂，在实际应用中是把它们的波长通过光波波长干涉仪等，传递给以兰姆下陷法稳频的氦氖激光，再利用以此为基础构成的激光量块干涉仪和激光干涉比长仪，分别检定一等量块和基准线纹尺。

在中国，由上述基准辐射光源、光波波长干涉仪、激光量块干涉仪和一等量块等，组成的长度计量基准称为端面长度国家基准；由基准辐射光源、激光干涉比长仪和基准线纹尺等组成的长度计量基准称为线纹长度国家基准。国家基准复现的"米"的准确长度，按照国家规定的检定系统通过检定逐级或直接传递给工作中使用的、不同精度等级的长度测量工具。

2. 量块——生产单位的长度基准

量块是由两个平行的测量面之间的距离来确定其工作长度的高精度量具，其长度为计量器具的长度标准。

按 JJG2056—1990《长度计量器具(量块部分)检定系统》的规定，量块分为 00、0、K、1、2、3 六级。我国对各类量块的检定按 JJG146—1994 进行。

为了使用上的需要常将各级精度的量块进行检定，得到量块的实际长度，将检定量块长度实际值的测量极限误差作为误差处理。

四、计量器具的分类

计量器具是测量仪器和测量工具的通称，通常按结构特点及原理分为：量具、量规、计量仪器和计量装置。

1. 量具

量具是指以固定形式复现量值的计量器具，包括单值量具(量块、直角尺)和多值量具(钢板尺、多面棱体)。

量具一般没有可动的结构,不具有放大功能。但我国习惯上将千分尺、游标卡尺等简单的测量仪器也称为"通用量具"。

2．量规

量规是指没有刻度的专用计量器具。其特点是只能判定被检验工件是否合格,不能得到工件的具体数值,如光滑极限量规、螺纹量规、位置量规等检验量规。

3．计量仪器

计量仪器是指能将被测几何量的量值转换成可直接观测的示值或等效信息的计量器具。

4．计量装置

计量装置是指为确定被测几何量量值所必需的计量器具和辅助设备的总体。

五、拟定测量方法时应考虑的问题

一个完善的测量方法,是根据被测对象和被测量的特性和精度要求采用相应的标准量,通过一套具体的结构系统来实现两者的比较,并能使测量结果的测量误差不超过一定的范围。因此,测量方法是整个测量过程的综合体现。在拟定测量方法时应考虑以下问题。

1．两个重要的测量原则

(1)阿贝测长原则。阿贝测长原则,指将被测物与标准尺沿测量轴线成直线排列(即一条线原则),主要适用于长度测量。

(2)圆周封闭原则。利用在同一圆周上所有分度夹角之和等于360°,亦即所有夹角误差之和等于零的这一自然封闭特性,在没有更高精度的圆周分度基准器件的情况下,采用"自检法"也能达到高精度测量的目的(即一个圆的原则)。主要适用于圆周分度器件的测量中,如刻度盘、圆柱齿轮等凡能形成圆周封闭条件的场合。

2．被测对象和被测量的特性

被测对象的特性包括工件尺寸、形状、重量、材料、批量、精度要求等等,应根据对被测对象特性的分析来拟定测量方法。

3．测量力的影响

(1)表面的接触变形。测量力是指测量时工件表面承受的测量压力,各种材料受力后都会产生压缩变形,这种变形量看起来不大,但在精密测量中,尤其对小尺寸零件就必须予以考虑。

在检验标准中,规定了测量过程中应视测量力为零。如果测量力不为零,则应考虑由此而引起的误差,必要时应予以修正。

测量力的大小、两接触表面的形状、材料、表面粗糙度等因素都可影响压缩变形量的大小。

可以通过以下两种方法减小测量力的影响:

① 采用相对测量法,即利用条件相同的两次读数法。先用标准件对准读数,再对被测件对准读数。

② 减小测量力和改善对测量力有影响的因素。如加大测头直径、选用平测头或采用辅助装置等。

一般情况下,可根据被测工件的标准公差来规定测力的大小,其关系如下:

工件公差　IT$<2\mu m$ 时,$p<2.5N$;

IT$=2\sim 10\mu m$ 时,$p<4N$;

IT$>10\mu m$ 时,$p<10N$;

（2）纵向变形及弯曲变形。

① 纵向变形。一根长杆或一个大量块垂直放置时,出于自身重力的影响,也会使其长度变短。

② 弯曲变形。水平安放时,如果承放表面绝对平整,则可避免弯曲,否则只好采用水平支承的方法(见图 1-1-2)。不同的支承方法,重力的影响也不同。

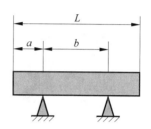

4. 测量环境的影响

测量环境指在测量时的外界条件,包括温度、湿度、气压、振动、气流、灰尘、腐蚀气体等。

图 1-1-2　水平安放时的弯曲变形

（1）温度误差。温度误差在环境影响中占据首要地位,由于物体本身具有热胀冷缩的物理特性,因此在不同的温度条件下,被测工件的尺寸也会不同。我国规定的标准温度为 20℃,即测量时的工件和量仪的温度均以 20℃ 为准。

产生温度差的原因主要是由对流、传导和辐射而引起的。

① 由对流而引起的环境温度变化,如开门窗、人员进出、空调装置所供应的气流不均匀等。

② 由传导而引起的误差,最典型的是测量者用手拿工件和量具,身体靠着仪器等。

③ 辐射热的影响,是指外界的热源或者比周围介质温度高的物体。例如光学仪器的照明灯源,甚至阳光、采暖设备以及测量者的呵气等。

（2）其他环境因素的影响。

① 室内的相对湿度应控制在 50%～60% 范围以内。

② 应避免外界振动产生的影响,例如计量室应有防振措施,使仪器远离振源(如大功率电动机等),仪器下面垫以厚橡皮等。

③ 为了保持仪器的工作精度,还应注意防尘和防腐蚀气体等。

任务实施

1. 图 1-1-3 所示为常见的计量器具。

结合计量器具的分类方法,钢直尺属于量具;量块、环规、塞规、螺纹量规属于量规;游标卡尺、螺旋测微仪属于计量仪器;粗糙度测试仪、影像测量仪、三坐标测量机属于计量装置。

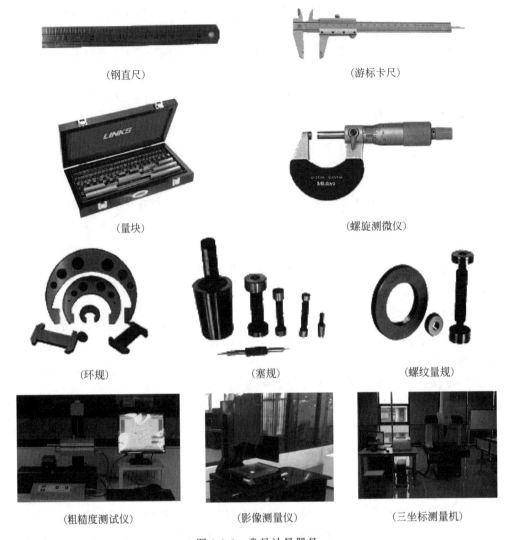

（钢直尺）　　　　　　　　（游标卡尺）

（量块）　　　　　　　　（螺旋测微仪）

（环规）　　　　　（塞规）　　　　（螺纹量规）

（粗糙度测试仪）　　　（影像测量仪）　　　（三坐标测量机）

图 1-1-3　常见计量器具

任务评价

完成图 1-1-1 常见计量器具的识别，根据操作评价表中的内容进行自我评价和同学互评。

序号	评价内容	☺	😐	☹
1	正确识别常见计量器具			
2	分析环境因素的影响			

归纳梳理

◆ 本任务中学习了计量器具的基本知识；

◆ 通过这个任务认识常见计量器具;

◆ 初步具有简单零件测量仪器的选用能力。

巩固练习

分析如图 1-1-4 所示零件,拟定该零件的测量方案并选用合适的计量器具进行测量。

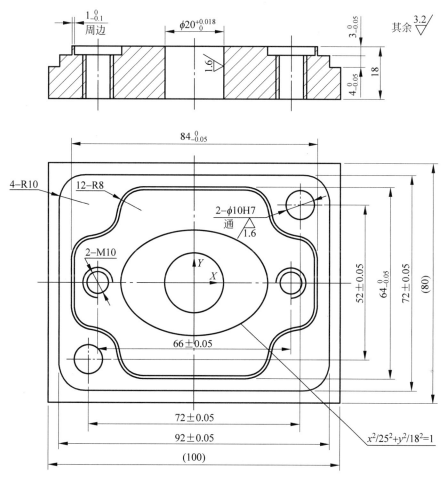

图 1-1-4　测量练习零件

量具参考选择范围

(1) 钢直尺:100mm、150mm、300mm。

(2) 游标卡尺:0~150mm、0~200mm。

(3) 外径千分尺:0~25mm、25~50mm、50~75mm、75~100mm、100~125mm、125~150mm。

(4) 深度尺:0~200mm。

(5) 高度尺:0~200mm、0~300mm。

(6) 内测千分尺:5~30mm、25~50mm。

(7) 深度千分尺:0~100mm。

(8) 内径百分表:10~18mm、18~35mm。

（9）万能角度尺：0～320°。

（10）塞尺：0.02～1mm。

（11）半径样板：1～6.5mm、7～14.5mm、15～25mm。

 量具任务书

量具任务书				
序号	量具名称	量具规格	数量	备注
1	游标卡尺	0～150mm	1	三用

 测量结果记录

序号	标称尺寸	标称公差		使用量具	规格	测量结果	结果判定(OK/NG)
		正公差	负公差				
1	φ46	0	−0.025	外径千分尺	25～50mm		

任务 1.2 零件的加工精度

任务目标

- 了解加工精度的基本概念;
- 掌握加工精度的分类;
- 掌握表面粗糙度的相关内容及标注代号;
- 能够参照图纸准确分析零件的尺寸精度及表面粗糙度。

任务内容

1. 零件的加工精度指: _____。

主要分为三类: _____、_____、_____。

2. 评定形状精度的项目及其符号分别为:

_____、_____、_____、_____、_____、_____。

3. 评定位置精度的项目及其符号分别为:

_____、_____、_____、

_____、_____、_____、_____。

4. _____是判断零件尺寸是否合格的依据。

5. 下面几种表面粗糙度代表的意义分别为:

$\dfrac{3.2}{\sqrt{}}$ _____;

$\dfrac{3.2}{\sqrt{}}$ _____;

$\dfrac{3.2}{\sqrt{}}$ _____;

$\dfrac{3.2}{1.6}\sqrt{}$ _____;

6. 分析图 1-2-1 所示零件的尺寸标注,说明它们分别反映了哪种精度?

任务分析

由于加工中环境因素、仪器因素及人为因素的影响,加工的零件不可能与理论值完全一致。因此,需要用加工精度来评价实际零件与理论值的符合程度。加工精度应从尺寸、形状、位置及表面状况各个方面来对零件进行评价。

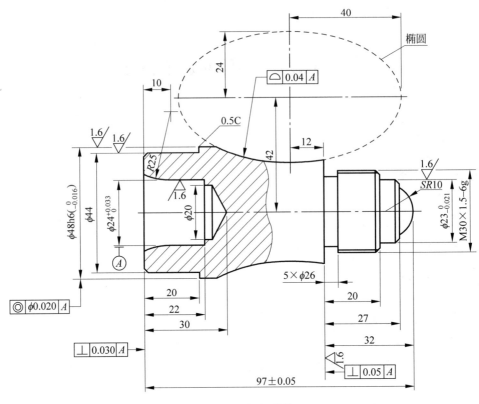

图 1-2-1　任务零件

相关知识

一、零件的加工精度

　　零件的加工精度是指零件加工后的实际几何参数(尺寸、形状和位置)与理想几何参数的符合程度。其符合程度越高,说明加工误差越小,加工精度越高。

　　实际加工不可能做得与理想零件完全一致,总会有大小不同的偏差,零件加工后的实际几何参数对理想几何参数的偏离程度,称为加工误差。加工误差的大小表示了加工精度的高低,加工误差是加工精度的度量。

　　"加工精度"和"加工误差"是评定零件几何参数准确程度的两种不同概念。生产实际中用控制加工误差的方法或现代主动适应加工方法来保证加工精度。零件的加工精度包括尺寸精度、形状精度和位置精度。通常尺寸精度要求越高,形状精度和位置精度要求也越高。

1. 尺寸精度

　　尺寸精度指的是零件的直径、长度、表面间距离等尺寸的实际数值和理想数值的接近程度。尺寸精度使用尺寸公差来控制。尺寸公差是切削加工中零件尺寸允许的变动量。在基本尺寸相同的情况下,尺寸公差越小,则尺寸精度越高。如图 1-2-2 所示,孔的公差为 0.025mm,轴的公差为 0.016mm。

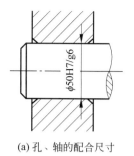 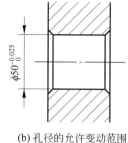 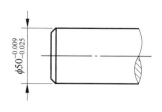

(a) 孔、轴的配合尺寸　　　　(b) 孔径的允许变动范围　　　　(c) 轴径的允许变动范围

图 1-2-2　孔、轴的尺寸公差

2. 形状精度

形状精度是指加工后零件上的点、线、面的实际形状与理想形状的符合程度。形状精度用形状公差来控制。如图 1-2-3 所示中的轴,加工后双点画线表示的表面形状与理想表面形状产生了形状误差。

3. 位置精度

位置精度是指加工后零件上的点、线、面的实际位置与理想位置的符合程度。如图 1-2-4 所示中的轴套,其端面对轴线不垂直,产生了位置误差。

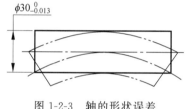 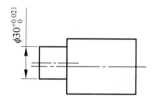

图 1-2-3　轴的形状误差　　　　　　　图 1-2-4　轴套的位置误差

在技术图样中,形位公差应采用代号标注。当无法采用代号标注时,允许在技术要求中用文字说明。

形位公差代号包括形位公差有关项目的符号、形位公差框格、指引线、形位公差数值和其他有关符号及基准符号。形位公差的项目和符号,如表 1-2-1 所示。

表 1-2-1　形位公差的分类、项目及符号

公差		特征项目	符号	有或无基准要求
形状	形状	直线度	—	无
		平面度	▱	无
		圆度	○	无
		圆柱度	⌀	无

续表

公差		特征项目	符号	有或无基准要求
形状或位置	轮廓	线轮廓度	⌒	有或无
		画轮廓度	⌓	有或无
位置	定向	平行度	//	有
		垂直度	⊥	有
		倾斜度	∠	有
	定位	位置度	⊕	有或无
		同轴(同心)度	◎	有
		对称度	⩲	有
	跳动	圆跳动	↗	有
		全跳动	↗↗	有

二、表面粗糙度

1. 表面粗糙度的定义

由于零件各表面的作用不同,要求不同,加工方法也不尽相同。因此,有的零件表面可以粗糙些,有的则要求光滑些。这种零件表面上具有较小间距和峰谷所组成的微观几何形状特性,称为表面粗糙度,如图 1-2-5 所示。表面粗糙度一般受所采用的加工方法和其他因素影响。同时,它对零件的工作性能和使用寿命又有很大的影响。

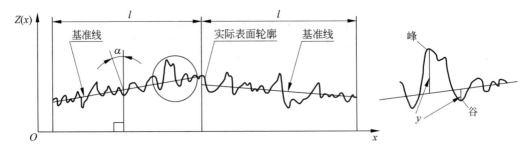

图 1-2-5　零件的表面粗糙度

2. 表面粗糙度的评价参数

评定表面粗糙度时,通常从高度方向和水平方向来规定适当的参数。与高度特征有关的参数有:轮廓算术平均偏差 R_a,微观不平度 10 点高度 R_z,轮廓最大高度 R_y,轮廓均方根

偏差 R_q；与间距特征有关的参数有：轮廓微观不平度的平均间距 S_m，轮廓的单峰平均间距 S。

1. 轮廓算术平均偏差 R_a（见图 1-2-6）

在取样长度内，被测表面轮廓上各点至基准线距离 y_i 的绝对值的平均值。

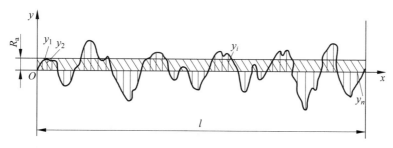

图 1-2-6　轮廓算术平均偏差 R_a

用公式表示为：

$$R_a = \frac{1}{l} \int_0^l \mid y \mid \mathrm{d}x \tag{1-1}$$

或近似为

$$R_a = \frac{1}{n} \sum_{i=1}^{n} \mid y_i \mid \tag{1-2}$$

式中，$y(x)$——表面轮廓上点到基准线的距离；

$\quad y_i$——表面轮廓上第 i 个点到基准线的距离；

$\quad l$——取样长度；

$\quad n$——取样数。

2. 微观不平度十点高度 R_z（见图 1-2-7）

在取样长度内 5 个最大的轮廓峰高 y_{pi} 平均值与 5 个最大轮廓谷深 y_{vi} 平均值之和。

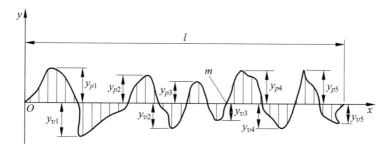

图 1-2-7　微观不平度十点高度 R_z

用公式表示为：

$$R_z = \frac{\sum\limits_{i=1}^{5} y_{pi} + \sum\limits_{i=1}^{5} y_{vi}}{5} \tag{1-3}$$

3. 轮廓最大高度 R_y（见图 1-2-8）

在取样长度内，轮廓最大高度表示轮廓的峰顶线和谷底线之间的距离。峰顶线和谷底线平行于中线且分别通过轮廓最高点和最低点。

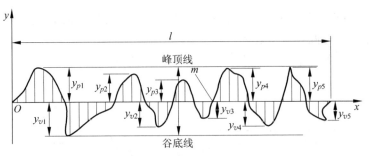

图 1-2-8　轮廓最大高度 R_y

3. 表面粗糙度（评定参数）的选择

评定参数的选择，如无特殊要求，一般仅选用高度参数。推荐优先选用 R_a 值，因为 R_a 能充分反映零件表面轮廓的特征。但以下情况下例外：

（1）当表面过于粗糙（$R_a > 6.3\mu m$）或过于光滑（$R_a < 0.025\mu m$）时，可选用 R_z，因为此范围便于选择用于测量 R_z 的仪器测量。

（2）当表面不允许出现较深加工痕迹，须防止应力过于集中时，应选用 R_z。

（3）当测量面积很小时，如顶尖、刀具的刃部、仪表的小元件的表面，可选用 R_y 值。

4. 表面粗糙度的符号

在图样上表示表面粗糙度的符号有以下三种：

√为基本符号，表示表面可以用任何方法获得。

√表示表面是用去除材料的方法获得的。

√表示表面是用不去除材料的方法获得的。

具体标注见表 1-2-2，R_a 在代号中用数值表示（单位为 μm）。

表 1-2-2　表面粗糙度代号

代号	意　　义
3.2√	用任何方法获得的表面，R_a 的最大允许值为 $3.2\mu m$
3.2√	用去除材料的方法获得的表面，R_a 的最大允许值为 $3.2\mu m$
3.2√	用不去除材料的方法获得的表面，R_a 的最大允许值为 $3.2\mu m$
3.2 1.6√	用去除材料的方法获得的表面，R_a 的最大允许值为 $3.2\mu m$，最小允许值为 $1.6\mu m$

任务实施

在图 1-2-9 所示零件的图样中，尺寸精度、形位公差和表面粗糙度的分析如下：

（1）表示尺寸精度的尺寸标注有：①、②、③和④。其中尺寸①表示 $\phi 48$ 的轴正公差为 0，负公差为 -0.016；尺寸②表示 $\phi 24$ 的孔正公差为 0.033，负公差为 0；尺寸③表示 $\phi 23$ 的轴正公差为 0，负公差为 -0.021；尺寸④表示工件总长的正公差为 0.05，负公差为 -0.05。

（2）表示位置公差的标注为⑤、⑥、⑦、⑧。⑤表示工件上椭圆相对于基准 A 的面轮廓度

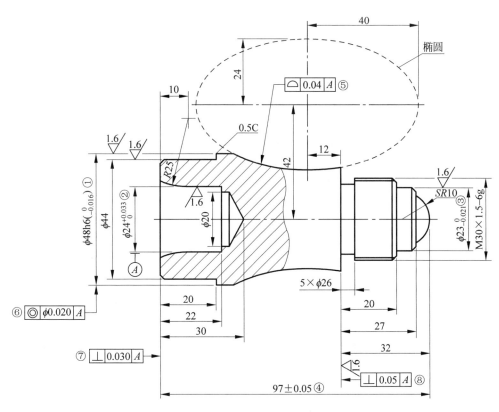

图 1-2-9　数车高级工零件

公差为 0.04。⑥表示 $\phi48$ 轴的中心线相对于基准 A 的中心线位置偏差在 $\phi0.020$ 的圆柱范围内变化；⑦表示工件左端面相对于基准 A 的垂直度偏差为 0.030；同理,⑧说明所指端面相对于基准 A 的垂直度偏差为 0.05。

（3）表示粗糙度代号所指表面均为用去除材料的方法获得,R_a 的最大允许值为 1.6 μm。

任务评价

完成前面所布置的任务,根据操作评价表中的内容进行自我评价和同学互评。

序号	评价内容	☺	☺	☹
1	零件加工精度的基本知识			
2	零件加工精度的分析			

归纳梳理

◆ 本任务中学习了零件加工精度的概念、分类等知识;

◆ 通过该任务的学习,具备分析零件加工精度的能力。

巩固练习

分析图 1-2-10 所示零件的加工精度。

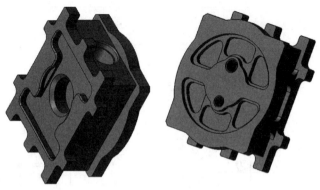

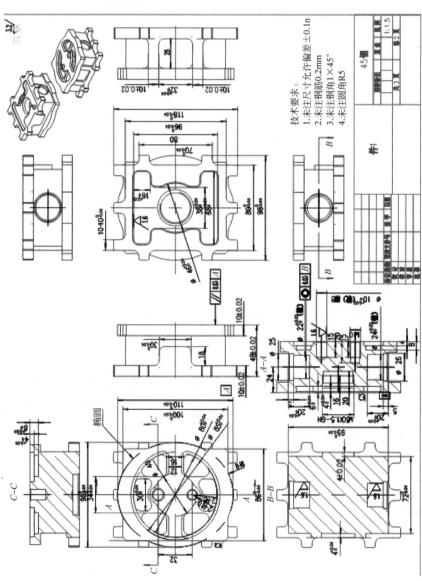

图 1-2-10　巩固练习零件

任务1.3 形位公差及其检测

任务目标

- 理解形位公差及其公差带的含义；
- 掌握形位公差的检测方法。

任务内容

1. 平行度公差带与基准_____；垂直度公差带与基准_____；倾斜度公差带与基准成_____。

2. 尺寸公差测量时，测量仪器的选择依如下标准：依据_____确定量具的量程，依据_____确定量具的测量精度。

3. 解释图1-3-1所示平行度公差的含义。

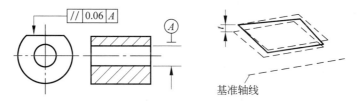

图1-3-1 平行度公差带

4. 解释图1-3-2所示同轴度公差的含义。

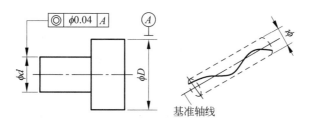

图1-3-2 同轴度公差带

5. 解释图1-3-3所示圆柱度公差的含义。

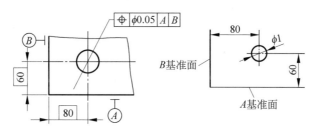

图1-3-3 圆柱度公差带

6. 解释图 1-3-4 所示全跳动公差的含义。

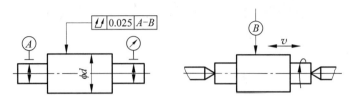

图 1-3-4 全跳动公差带

7. 用水平仪按 6 个相等跨距测量机床导轨的直线度误差,假设各测点读数分别为: $-5、-2、+1、-3、+6、-3$(单位 μm)。求:(1)试换算成统一坐标值,并画出实际直线的误差图形;(2)试用最小区域法求出直线度误差值。

任务分析

在对工件进行形位公差检测之前,首先要理解各种形位公差带的含义。只有对公差带的含义有了很好的理解,才能根据实际情况选取正确的测量方法对形位公差进行检测。

相关知识

一、形状公差及其误差的检测方法

形状公差是指单一实际要素(如轴线、平面、圆柱面、曲面等)的形状对其理想形状所允许的变动量。实际形状的误差必须限制在规定的形状公差带以内。零件实际要素在该区域内为合格,反之为不合格。

被测的实际要素是机械零件上客观存在的零件几何要素,而理想要素则是设计者给定的理想形态,为了确定形状误差首先要决定理想要素在实际机械零件上的相应位置。国家标准规定,在评定形状误差时,理想要素的确定应符合**最小条件原则**。

所谓最小条件就是指被测实际要素对其理想要素的最大变动量为最小。对于中心要素(轴线、中心线、中心面等),其理想要素位于被测实际要素之中,如图 1-3-5(a)所示。对于轮廓要素(线、面轮廓度除外),其理想要素位于实体之外且与被测实际要素相接触,它们之间的最大变动量为最小,如图 1-3-5(b)所示。

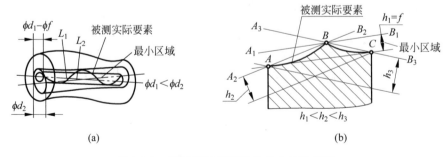

图 1-3-5 被测实际要素符合最小条件原则

　　最小条件是评定形状误差的基本原则。用最小条件评定的形状误差结果为最小并且是唯一的、稳定的数值。用这个原则评定形状误差可以最大限度地通过合格件。在一般生产中可以用其他近似的方法代替最小原则,但在仲裁时必须采用最小条件原则。

　　形状公差包括直线度、平面度、圆度、圆柱度、线轮廓度和面轮廓度。形状公差带的特点:不涉及基准,它的方向和位置均是浮动的,只能控制被测要素形状误差的大小。

1. 直线度

　　(1)直线度公差。直线度是限制实际直线对理想直线变动量的一项指标。它是针对直线是否平直而提出的要求。

　　直线度公差是实际直线对理想直线的允许变动量,用于限制平面内或空间直线的形状误差。

　　① 给定平面内的直线度。在给定平面内,直线度公差带是距离为直线度公差值 t 的两平行直线之间的区域,如图 1-3-6(a)所示。

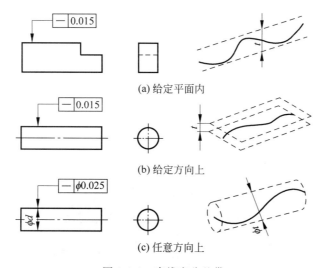

(a) 给定平面内

(b) 给定方向上

(c) 任意方向上

图 1-3-6　直线度公差带

　　② 给定方向上的直线度。在给定方向上,直线度公差带是距离为直线度公差值 t 的两平行平面之间的区域,如图 1-3-6(b)所示。

　　③ 任意方向上的直线度。在任意方向上,直线度公差带是直径为直线度公差值 t 的圆柱内的区域,如图 1-3-6(c)所示。

　　(2)直线度误差的检测方法。常用的直线度误差检测方法有以下 4 种:刀口尺法;拉钢丝法;水平仪法;自准直仪法。

　　① 刀口尺法。如图 1-3-7(a)所示,将刀口形直尺(或平尺)的刃口放在被测工件表面上,当刀口直尺(或平尺)与被测工件贴紧时,便符合最小条件。此时,刀口形直尺(或平尺)与被测实际线之间所产生的最大间隙,即为所测的直线度误差。误差的大小根据光隙测定。当光隙较小时,可按标准光隙来估读;当光隙较大时,则可用塞尺测量。

　　② 拉钢丝法。如图 1-3-7(b)所示,在被测面上放置一滑块,滑块上安装一带有刻度的读数显微镜,显微镜的镜头对准钢丝,镜头垂直放置。在被测面上一端固定钢丝,另一端通过滑轮吊一重锤,然后调整钢丝两端,使显微镜在被测面两端时钢丝与镜头上的刻线重合。

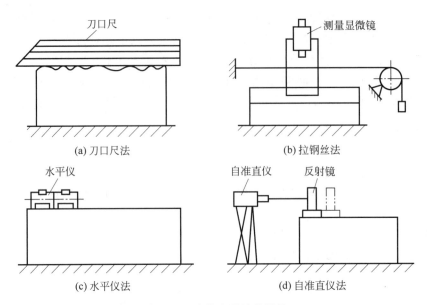

(a) 刀口尺法   (b) 拉钢丝法

(c) 水平仪法   (d) 自准直仪法

图 1-3-7 直线度误差的测量

此时,钢丝在水平面内已是一理想直线,换句话说为一基准。移动滑块即检查出被测面上任一位置的直线度。

③ 水平仪法。测量工具为精密水平仪(见图 1-3-8)。如图 1-3-7(c)所示,将水平仪放在桥板上,先调整被测零件,使被测要素大致处于水平位置,然后沿被测要素按节距移动桥板进行连续测量。

图 1-3-8 电子水平仪

④ 自准直仪法(图 1-3-7(d))。在用自准直仪检验的方法中,使用一同轴安装的自准直仪(见图 1-3-9),可动平镜 M 围绕水平轴线的任何转动都会引起焦点平面内十字线成像的垂直移动。这个位移相当于平镜架的角度变化,可用目镜测微计测得。

测量基准由十字线中心所确定的望远镜的光学轴线构成。

注:① 使目镜测微镜转动 90°,就可同样对围绕垂直轴线的可动平镜 M 的转角进行测量。因此自准直仪可用于两个平面内的角度测量。

② 该方法特别适用于大长度的检验。因为,与准直望远镜相反,它受由于光束双向行程的空气折射率的变化影响小。

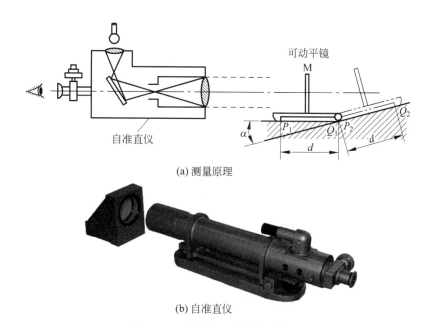

(a) 测量原理

(b) 自准直仪

图 1-3-9　用自准直仪测量直线度

③ 在这种方法中自准直仪最好放置在含被检测零件的部件上。

（3）直线度误差的评定方法。对各种方法测得的读数应通过数据处理进行直线度误差值的评定。国家标准中规定按最小条件法评定直线度误差,实际生产中常用首尾两点连线法。可以证明符合最小条件准则的直线度误差判别法有两种形式。由两平行直线包容被测实际直线时,成低、高、低相间的三点接触(图 1-3-10（a）),或成高、低、高相间的三点接触(图 1-3-10（b）),按这两种形式所做的直线度包容区都符合最小条件准则。

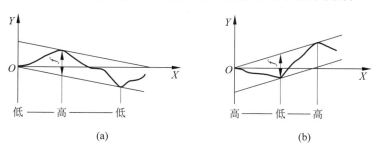

(a)　　　　　　　　　　(b)

图 1-3-10　最小条件准则

2. 平面度

（1）平面度公差。平面度是限制实际平面对理想平面变动量的一项指标。它是针对平面是否平整而提出的要求。

平面度公差用以限制平面的形状误差。其公差带是距离为公差值 t 的两平行平面之间的区域,如图 1-3-11 所示。

（2）平面度误差的测量。常用平面度误差的测量方法有:光学平晶测量法;指示器检测法;水平仪测量法;自准直仪测量法。下面介绍前两种。

① 光学平晶测量法(见图 1-3-12)。

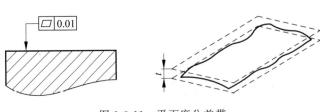

图 1-3-11　平面度公差带

图 1-3-12　平晶法测量平面度

在被检面上涂上红丹或用轻油稀释的氧化铬,再将平板放在被检面上,进行恰当的往复运动。取下平板并记下被检测面每单位面积接触点的分布情况。在表面的整个范围内接触点的分布应均匀并不少于一个规定值,这种方法仅适用于小尺寸较精密的平面(刮过或磨过的平面)。

② 指示器检测法。测量装置由平板和指示器组成。指示器装在具有一个基座的支架上,基座在平板上运动。它有两种测量方法:

- 被测部件放在平板上,平板尺寸及指示器支架的开度必须大到使整个表面都能测量(见图 1-3-13(a))。
- 平板与被测面相对放置,在这种情况下,可用一个尺寸与被测面尺寸相似的平板进行测量(见图 1-3-13(b))。

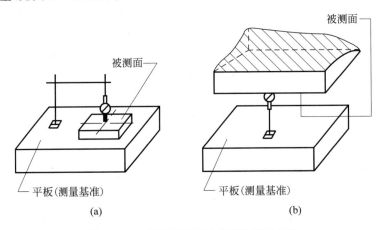

图 1-3-13　指示器检测法的两种测量方法

(3)平面度误差的评定方法。平面度误差的评定方法有:三远点法、对角线法、最小二乘法和最小区域法等四种。

① 三远点法。以通过实际被测表面上相距最远的三点所组成的平面作为评定基准面,以平行于此基准面,且具有最小距离的两包容平面间的距离作为平面度误差值。

② 对角线法。以通过实际被测表面上的一条对角线,且平行于另一条对角线所做的平面为评定基准面,以平行于此基准面且具有最小距离的两包容平面间的距离作为平面度误差值。

③ 最小二乘法。以实际被测表面的最小二乘平面作为评定基准面,以平行于最小二乘平面,且具有最小距离的两包容平面间的距离作为平面度误差值。最小二乘平面是使实际被测表面上各点与该平面的距离的平方和为最小的平面。此法计算较为复杂,一般均需计算机处理。

④ 最小区域法。以包容实际被测表面的最小包容区域的宽度作为平面度误差值,是符合平面度误差定义的评定方法。

3．圆度

（1）圆度公差。圆度是限制实际圆对理想圆变动量的一项指标。它是对具有圆柱面（包括圆锥面、球面）的零件,在一正截面（与轴线垂直的面）内的圆形轮廓要求。

圆度公差用于限制回转面径向截面（即垂直于轴线的截面）的形状误差。圆度公差带是在同一正截面上半径差为公差值 t 的两同心圆之间的区域。如图 1-3-14 所示,被测圆柱面任一正截面的轮廓必须位于半径差为公差值 0.02mm 的两同心圆间区域内。

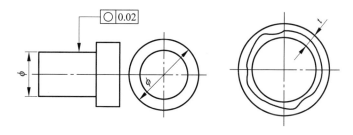

图 1-3-14　圆度公差带

（2）圆度误差的测量。图 1-3-15 所示是圆度仪的两种工作原理示意图。转台式（见图 1-3-15(a)）是工件随工作台主轴一起转动,记录被测零件回转一周过程中,测量截面上各点的半径差,绘制出极坐标图,最后评定出圆度误差;转轴式（见图 1-3-15(b)）是测头随主轴回转,测量时应调整工件位置使其和转轴同轴。

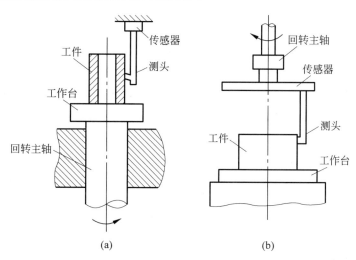

图 1-3-15　用圆度仪测量圆度误差

（3）圆度误差的评定方法。评定的实质即理想圆圆心位置如何确定,实用中有以下 4 种评定方法。

① 最小包容区域法（最小半径差法）。包容实际轮廓且半径差为最小的两同心圆的圆心,即理想圆的位置,它符合最小条件。

判定:由两同心圆包容被测实际轮廓时,至少有 4 个实测点内外相间地在两个圆周上,该法亦称"交叉准则"。

② 最小外接圆法。以包容实际轮廓且半径为最小的外接圆圆心为理想圆的圆心。

③ 最大内切圆法。以内切于实际轮廓且半径为最大的内切圆圆心为理想圆的圆心。

④ 最小二乘圆法。以实际轮廓上相应各点至圆周距离平方和为最小的圆的圆心为理想圆的圆心。

4. 圆柱度

圆柱度是限制实际圆柱面对理想圆柱面变动量的一项指标。它控制了圆柱体横截面和轴截面内的各项形状误差,如圆度、素线直线度、轴线直线度等。圆柱度是圆柱体各项形状误差的综合指标。

圆柱度公差用于限制整个圆柱表面的形状误差。其公差带是半径差为公差值 t 的两同轴圆柱面之间的区域。如图 1-3-16 所示,被测圆柱面必须位于半径差为公差值 0.05mm 的两同轴圆柱面间的区域内。

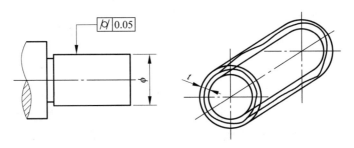

图 1-3-16 圆柱度公差

圆柱度误差的测量可以在圆度误差的测量基础上发展,测量将在 3 个坐标上进行,所得读数需经过计算和处理才能得出圆柱度误差值。

5. 线、面轮廓度

线、面轮廓度的公差带,由于是两等距曲线或曲面,所以控制曲线或曲面的形状误差比用尺寸公差按坐标来控制曲线或曲面的效果要好。因此在诸如车身机身或船体等上使用较广。

线、面轮廓度虽然属于形状公差,但有时也有位置方面的要求,视尺寸标注而定。此外,还应注意的是轮廓度的公差带对理想轮廓是对称(双向)布置的。例如公差为 0.04,应按±0.02 来使用。

(1)线轮廓度。线轮廓度是限制实际曲线对理想曲线变动量的一项指标,它是对非圆曲线的形状精度要求。

线轮廓度公差用于限制平面曲线截面轮廓的形状误差。其公差带是包络一系列直径为公差值 t 的圆的两包络线之间的区域,诸圆的圆心位于具有理论正确几何形状的线上。如图 1-3-17 所示,被测面的线轮廓度公差带是包络一系列直径为 0.04 的圆的两包络线之间的区域。

(2)面轮廓度。面轮廓度是限制实际曲面对理想曲面变动量的一项指标,它是对曲面的形状精度要求。

面轮廓度公差用于限制空间曲面的形状误差等。其公差带是包络一系列直径为公差值

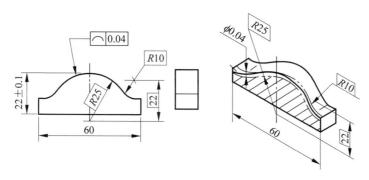

图 1-3-17　线轮廓度公差

t 的球的两包络面之间的区域,诸球的球心位于具有理论正确几何形状的面上。如图 1-3-18 所示,被测曲面的面轮廓度公差带为包络一系列直径为 0.02 的球的两包络面之间的区域。

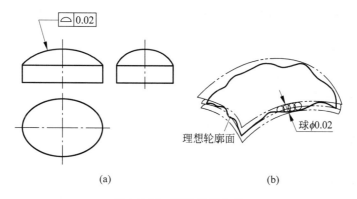

(a)　　　　　　　　　　　(b)

图 1-3-18　面轮廓度公差

　　面轮廓度是形位公差中既有形状公差特征又有位置公差特征的一个要素,它表示任意一种曲面(包括平面、有规则曲面及无规则曲面)相对某一基准曲面的公差。作为形状公差时,被测要素的基准就是其自身的理论正确几何形面,在图样上只对被测曲面标注面轮廓度符号及公差值,而不再标示其基准。作为位置公差时,被测要素的基准除了是它自身的理论正确几何形面外,还必须指明被测要素相对于其他作为基准的要素,在图样上除对被测曲面标注面轮廓度符号及公差值外,还必须标示其相对的基准。

　　国内和日本的零件图样中很少使用面轮廓度,而多用一些尺寸公差及垂直度、倾斜度等形位公差。北美或欧洲一些国家的零件图样中则采用三基面体系基准,大量标注着面轮廓度,较少使用垂直度、倾斜度等位置公差。

　　如图 1-3-19(a)、(b)所示,前者表示面轮廓度作为形状公差,其只对被测曲面标注面轮廓度符号、公差值及被测曲面的理论正确几何尺寸;后者表示面轮廓度作为位置公差,除了对被测曲面标注面轮廓度符号、公差值及被测曲面的理论正确几何尺寸外,还需标注此曲面相对于作为基准的底面的距离的理论正确几何尺寸。

　　图 1-3-19(a)表示被测曲面只需在 $SR24.90 \sim SR25.10$mm 的两个球面范围内即可,而无须考虑此面相对于底面的距离。

　　而图 1-3-19(b)则表示被测曲面不仅需在 $SR24.90 \sim SR25.10$mm 的两个球面范围内,还必须保证被测球面的顶部尺寸至底面基准 A 底面的距离在 14.90 ~ 15.10mm 的范

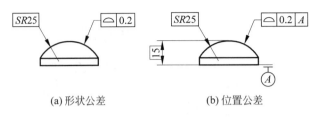

(a) 形状公差　　　　　　　　(b) 位置公差

图 1-3-19　面轮廓度

围内。

图 1-3-20 所示为面轮廓度的应用实例,工件上某些特征的倾斜度、垂直度、平行度均可用面轮廓度来代替,标注简单、方便,而且更加符合工件的实际形貌需求。

(3)线、面轮廓度的测量。轮廓度误差的检测方法有样板检验法、坐标测量法和投影仪法等。

① 样板检验法。样板检验法是根据被测零件的理想形状制作工作样板,将工作样板的形状模拟为理想形状与被测形状相比较,所以样板检验法是"与理想要素比较原则"的检测方案的具体实施。检验时将工作样板按规定的方向放置在被测零件上,使样板工作面与被测曲线相接触,并使两者之间的最大间隙为最小,该间隙即为被测轮廓的轮廓度误差。间隙大小按标准光隙大小来获得。

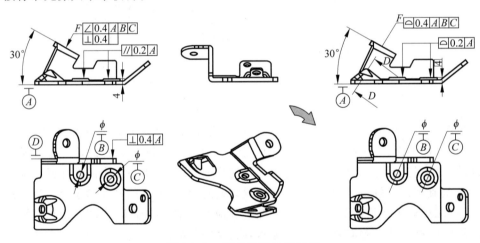

图 1-3-20　面轮廓度应用实例

② 坐标测量法。用坐标法测量被测零件的轮廓度误差,根据被测零件的结构特征,可采用直角坐标测量法或极坐标测量法。

坐标测量法特别适合于给出基准的轮廓度误差的测量。测量时,由于把测量基准与设计基准重合在一起,故在仪器上测得的一系列实际坐标值可与理论坐标值一一进行比较,从而确定轮廓上各测点的误差值。取其中最大的绝对值的两倍作为该轮廓度的误差。

目前,轮廓的精确测量一般由三坐标测量机完成。三坐标测量机通过测头(触发测头或激光扫描测头)在被测表面上采集若干个点的坐标值,通过一系列的处理,在其自带的软件中与标准轮廓进行比较、评价,很快就可以得到被测表面的轮廓度。

三、位置公差及其误差的检测

根据被测要素和基准要素之间的几何关系和要求,位置公差可分为定向、定位和跳动公差三类。

定向公差是关联要素对基准在规定方向上所允许的变动量,控制被测要素在方向上的误差,定向公差包括平行度、垂直度和倾斜度三项。

定位公差是被测要素对基准要素在规定的位置上所允许的变动量。定位位置公差包括同轴度、对称度和位置度三项。

跳动公差是以测量方法为依据而规定的。当形体表面绕基准轴线旋转时,以指示表测出的跳动量来反映其位置误差。跳动又分为圆跳动和全跳动。

1. 平行度

(1)平行度公差。平行度公差用于限制被测要素对基准要素相平行的误差。平行度公差带有 4 种形式:线对线的平行度、线对面的平行度、面对线的平行度和面对面的平行度,如图 1-3-21～图 1-3-24 所示。

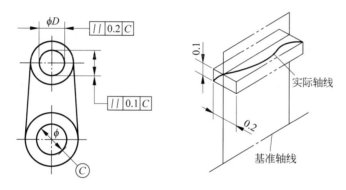

图 1-3-21　线对线的平行度公差

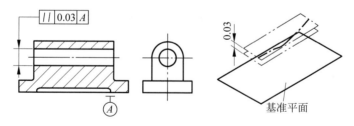

图 1-3-22　线对面的平行度公差

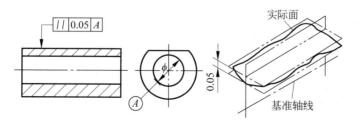

图 1-3-23　面对线的平行度公差

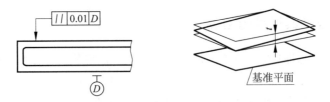

图 1-3-24　面对面的平行度公差

平行度公差带的形状有两平行平面、两组平行平面和圆柱等。平行度公差带与基准平行。

（2）平行度误差的测量。在测量平行度误差时，一般利用平板、平台、心轴 V 形块来模拟基准平面、孔或轴的轴线。

图 1-3-25 所示的是将被测零件放在平板上，在整个被测表面上，按规定的测量线进行测量。指示器的最大、最小读数差作为该零件的平行度误差值。

图 1-3-26 所示将指示表架放在基准面上，移动表架，指示器上最大和最小读数之差为被测内表面的平行度误差。

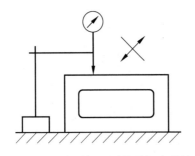

图 1-3-25　在平板上测量平行度误差

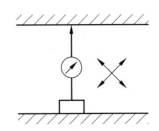

图 1-3-26　内表面平行度误差的测量

图 1-3-27 所示的是用水平仪分别测量零件上的基准表面和被测表面，对基准和被测面上的测量数据进行计算，并评定得出平行度误差。

图 1-3-28 所示的是测量平面相对于轴线的平行度误差装置。被测零件通过心轴支承在等高支架上，调整高度，使得 $L_3 = L_4$，然后用指示器在被测平面上按布点进行测量。经过计算和评定，可求得该平面相对于轴线的平行度误差值。

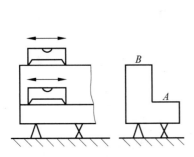

图 1-3-27　用水平仪测量平行度误差

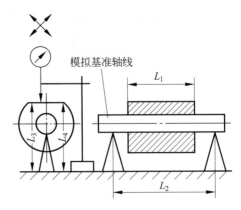

图 1-3-28　测量平面对轴线的平行度误差

图 1-3-29 所示的是测量轴线相对于轴线平行度误差的测量装置。

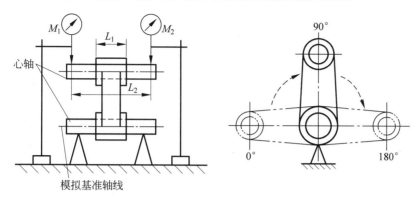

图 1-3-29　测量两轴线间的平行度公差

2. 垂直度

（1）垂直度公差。当被测要素对基准要素有垂直要求时可采用垂直度公差。垂直度公差带有 4 种形式：线对线的垂直度、线对面的垂直度、面对线的垂直度和面对面的垂直度，如图 1-3-30～图 1-3-33 所示。

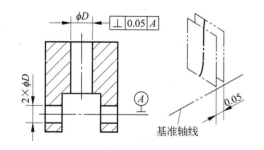

图 1-3-30　线对线的垂直度公差

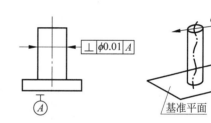

图 1-3-31　轴线对端面的垂直度公差

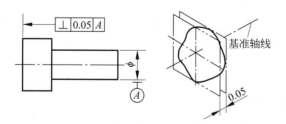

图 1-3-32　端面对轴线的垂直度公差

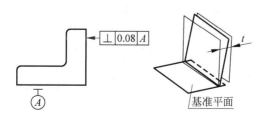

图 1-3-33　面对面的垂直度公差

垂直度公差带的形状有两平行平面、两组相互垂直的平行平面和圆柱等。垂直度公差带与基准垂直。

（2）垂直度误差的测量。图 1-3-34～图 1-3-37 为常用的测量垂直度误差的方法。

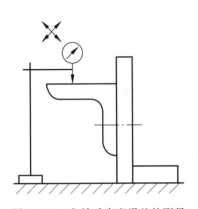

图 1-3-34　角铁垂直度误差的测量

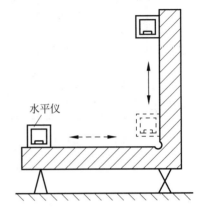

图 1-3-35　用水平仪测量大平面的垂直度误差

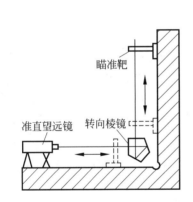

图 1-3-36　用准直望远镜测量大平面的垂直度误差

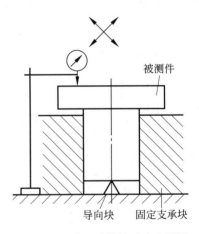

图 1-3-37　端面对轴线垂直度测量

3. 倾斜度

（1）倾斜度公差。当被测要素和基准要素间有夹角 $0° < \alpha < 90°$ 要求时可采用倾斜度公差带。倾斜度公差带有 3 种形式：面对面的倾斜度、线对线的倾斜度、线对面的倾斜度。

（2）倾斜度误差的测量。倾斜度误差的测量可以转换成平行度误差的测量。

测量方法如图 1-3-38 所示，将被测量件置于定角座上，调整被测件使表面读数差最小，则倾斜度误差 $f = M_{\max} - M_{\min}$。

平行度公差和垂直度公差可以看做是倾斜度公

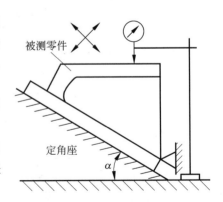

图 1-3-38　测量面对面的倾斜度

差在 $\alpha=0°$ 和 $\alpha=90°$ 时候的特殊情况。所以,三种公差可以结合起来理解。在测量时,巧妙利用角座,可以轻松实现不同角度倾斜度(包括平行度、垂直度)公差的测量。

4. 同轴度

(1)同轴度公差。同轴度公差用于限制被测形体的轴线对基准形体的轴线的同轴位置误差。轴线的同轴度公差带是直径为公差值 t 的圆柱面内的区域,该圆柱面的轴线与基准轴线同轴,如图1-3-39所示。

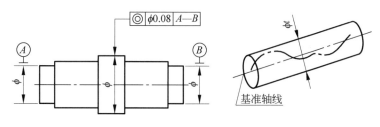

图1-3-39　轴线的同轴度公差

(2)同轴度误差的测量。同轴度的3种控制要素为:轴线与轴线;轴线与公共轴线;圆心与圆心。

因此影响同轴度的主要因素有被测元素与基准元素的圆心位置和轴线方向,特别是轴线方向。如在基准圆柱上测量两个截面圆,用其连线作基准轴,在被测圆柱上也测量两个截面圆,构造一条直线,然后计算同轴度。假设基准上两个截面的距离为10mm,基准第一截面与被测圆柱的第一截面的距离为100mm,如果基准的第二截面圆的圆心位置与第一截面圆圆心有 $5\mu m$ 的测量误差,那么基准轴线延伸到被测圆柱第一截面时已偏离 $50\mu m$($5\mu m\times$ $100\div10$),此时,即使被测圆柱与基准完全同轴,其结果也会有 $100\mu m$ 的误差(同轴度公差值为直径,$50\mu m$ 是半径),测量原理图如图1-3-40所示。

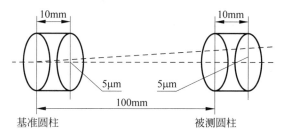

图1-3-40　同轴度测量原理

① 回转轴线法(见图1-3-41)。本方法采用较高回转精度的检测仪器(如圆度仪、圆柱度仪等),适用于对中、小规格的轴或孔类零件进行同轴度误差测量。

测量步骤为:

第一步,调整被测零件,使其轴线与仪器主轴的回转轴线同轴。

第二步,在被测零件的实际基准要素和实际被测要素上测量,记录数据或(和)记录轮廓图形。

第三步,根据测得数据或记录的轮廓图形,按同轴度误差判别准则及数据处理方法确定该被测要素的同轴度误差。

② 坐标法（见图 1-3-42）。本方法采用具有确定坐标系的检测仪器（如各类三坐标测量机、万能测量显微镜等），适用于对各种规格的零件进行同轴度误差测量。

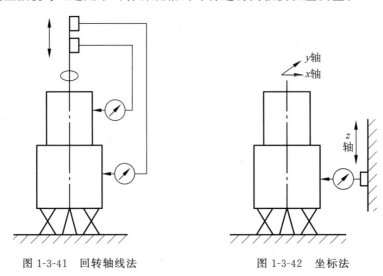

图 1-3-41　回转轴线法　　　　　　　　图 1-3-42　坐标法

测量步骤为：

第一步，将被测零件放置在工作台上。

第二步，对被测零件的基准要素和被测要素进行测量。

第三步，根据测得数据计算出基准轴线的位置及被测要素各正截面轮廓中心点的坐标，再通过数据处理确定被测件的同轴度误差。

③ 顶尖法（见图 1-3-43）。本方法适用于轴类零件及盘套类零件（加配带中心孔的心轴）的同轴度误差测量。

测量步骤为：

第一步，将被测零件装卡在测量仪器的两顶尖上。

第二步，按选定的基准轴线体现方法确定基准轴线的位置。

第三步，测量实际被测要素各正截面轮廓的半径差值，计算轮廓中心点的坐标。

第四步，根据基准轴线的位置及实际被测轴线上各点的测量值，确定被测要素的同轴度误差。

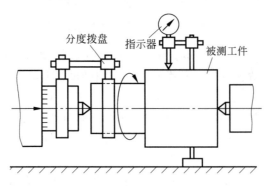

图 1-3-43　顶尖法

④ V形架法(见图1-3-44)。本方法适用于对各种规格的零件进行同轴度误差测量。

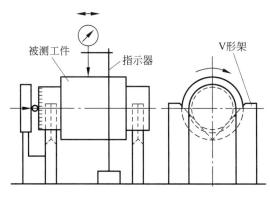

图 1-3-44　V形架法

测量步骤为：

第一步,将被测零件放在V形架上。

第二步,按选定的基准轴线体现方法确定基准轴线的位置。

第三步,测量实际被测要素各正截面轮廓的半径差值,计算轮廓中心点的坐标。

第四步,根据基准轴线的位置及实际被测轴线上各点的测得值,确定被测要素的同轴度误差。

⑤ 模拟法(见图1-3-45)。本方法采用具有足够精确形状的回转表面来体现基准轴线,适用于对中、小规格的零件进行同轴度误差测量。主要有以下两种：

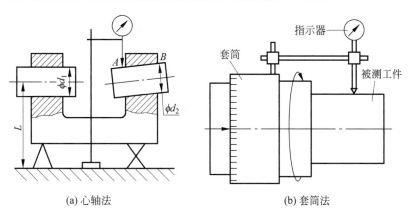

(a) 心轴法　　　　　　　　　(b) 套筒法

图 1-3-45　模拟法

• 用具有足够形状精度的圆柱形心轴来体现孔的基准轴线和被测轴线(见图1-3-45(a))。

测量步骤为：

第一步,将被测零件放置在一平板上。

第二步,将心轴与孔成无间隙配合地插入孔内,并调整被测零件使其基准轴线与平板平行。

第三步,在被测孔两端A、B两点测量,并求出该两点分别与高度$(L+d_2/2)$的差值f_{AX}和f_{BX}。

第四步,将被测零件翻转$90°$,按上述方法测取f_{AY}和f_{BY},则A点处的同轴度误差为

$$f_A = 2\sqrt{f_{AX}^2 + f_{AY}^2}^{1/2}。$$

B 点处的同轴度误差为 $f_B = 2\sqrt{f_{BX}^2 + f_{BY}^2}$

取其中的较大值作为该被测要素的同轴度误差值。

注：若测点不能取在孔端处，则同轴度误差可按比例折算。

- 用具有足够形状精度的圆柱形套筒来体现轴的基准轴线(见图 1-3-45(b))。

测量步骤为：

第一步，将带有圆柱形套筒的检测装置套装在零件的基准要素上，并使该装置与基准要素形成最小外接状态且可灵活转动。

第二步，调整检测装置上的指示器，使之处于正截面的位置并与被测要素相接触。

第三步，转动套筒，测量实际被测要素各正截面轮廓的半径差值，计算轮廓中心点的坐标。

第四步，根据实际被测轴线上各点的测得值，确定被测要素的同轴度误差。

注：当被测要素的圆度误差足够小时，可测取被测要素各正截面的径向圆跳动值，将其中的最大者作为同轴度误差的近似值。

⑥ 准直法(瞄靶法)(见图 1-3-46)。本方法采用准直望远镜或激光准直仪等检测仪器，适用于对大、中规格孔类零件进行同轴度误差测量。

测量步骤为：

第一步，根据被测孔的直径，运用不同的支撑器具，使靶的中心与被测孔的圆心重合。

第二步，以仪器准直光轴为测量参考线来调整测量仪器的位置，使被测件两端靶心连线与光轴同轴。

第三步，在基准孔中进行第一步，并通过光学准直系统测量实际基准轴线上各点的 X、Y 坐标值。

第四步，在被测孔中进行第一步，并通过光学准直系统测量实际被测轴线上各点的 X、Y 坐标值。

第五步，根据测得的实际基准轴线及实际被测轴线上各点的 X、Y 坐标值，通过数据处理确定被测要素的同轴度误差。

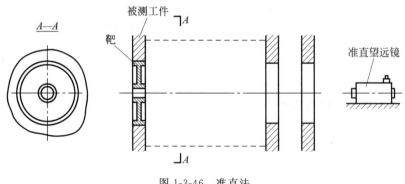

图 1-3-46　准直法

5．对称度

(1) 对称度公差。对称度公差用于限制被测形体中心(或平面)对基准形体中心线(或平面)的共线性(或共面性)的误差。中心平面的对称度公差带是距离为公差值 t 且相对基准的中心平面对称配置的两平行平面之间的区域。如图 1-3-47 所示,被测中心面必须位于距离为公差值 0.1 且相对于基准中心平面 A 对称配置的两平行平面之间。

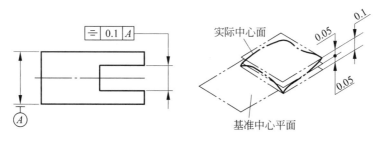

图 1-3-47　面对面的对称度

(2)对称度误差的测量。图 1-3-48 和图 1-3-49 是对称度测量的两个例子。

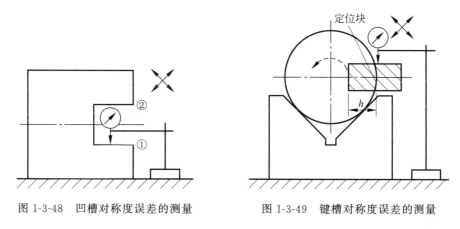

图 1-3-48　凹槽对称度误差的测量　　　图 1-3-49　键槽对称度误差的测量

6. 位置度

(1)位置度公差。位置度公差用以限制被测形体对基准形体的位置误差。对于点的位置度公差,如公差值前加注 ϕ,则公差带是直径为公差值 t 的圆内区域,圆公差带的中心点的位置由相对于基准的理论正确尺寸确定。如公差值前加注 $S\phi$,则公差带是直径为公差值 t 的球内区域,球公差带的中心点的位置由相对于基准的理论正确尺寸确定,如图 1-3-50 和 1-3-51 所示。

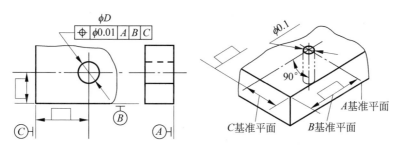

图 1-3-50　孔的位置度公差

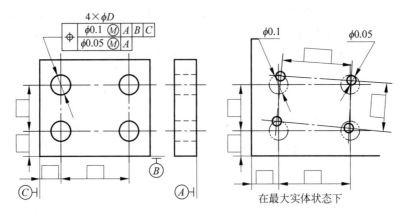

图 1-3-51 复合位置度公差

（2）位置度误差的测量。位置度误差一般可在坐标类仪器上测量，如图 1-3-52 所示。通过一系列直角坐标值(x_i, y_i)，便能计算出孔心对基面、或孔与孔之间的距离和误差。在大批量生产中常用成套的组合量规，检验多孔组的尺寸，以保证其功能互换性。

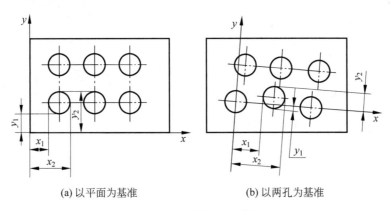

(a) 以平面为基准   (b) 以两孔为基准

图 1-3-52 孔的坐标测量

7. 圆跳动

（1）圆跳动公差。圆跳动公差是指被测要素某一固定参考点围绕基准轴线旋转一周时零件和测量仪器间无轴向位移允许的最大变动量 t。圆跳动公差适用于每一个不同的测量位置。

圆跳动可能包括圆度、同轴度、垂直度或平面度误差，这些误差的总值不能超过给定的圆跳动公差。

径向圆跳动的公差带，是在垂直于基准轴线的任一测量平面内半径差为公差值 t 且圆心在基准轴线上的两同心圆之间的区域，如图 1-3-53 所示。

端面圆跳动的公差带，是在与基准同轴的任一半径位置的测量圆柱面上距离为公差值 t 的两圆之间的区域，如图 1-3-54 所示。

（2）圆跳动的测量。径向圆跳动的测量如图 1-3-55 所示。将指示器径向固定，被测要素绕基准回转一周时最大与最小读数之差即为被测零件的径向圆跳动误差值。

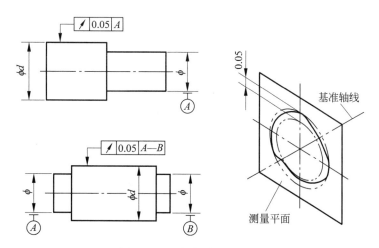

图 1-3-53 径向圆跳动公差

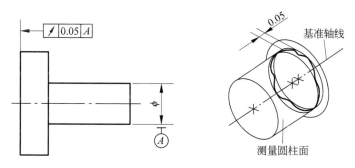

图 1-3-54 端面圆跳动公差

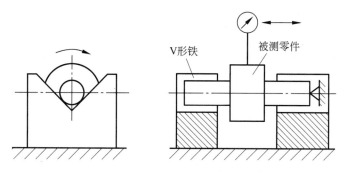

图 1-3-55 测量径向圆跳动

端面圆跳动的测量如图 1-3-56 所示。指示器垂直端面固定,被测要素绕基准回转一周,最大与最小读数之差即为被测零件的端面圆跳动误差值。

8. 全跳动

(1)全跳动公差。全跳动公差是被测要素绕基准轴线作若干次旋转,并在测量仪器与工件间同时作平行或垂直于基准轴线的直线移动时,在整个表面上所

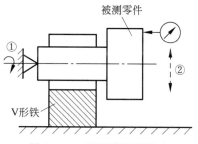

图 1-3-56 测量端面圆跳动

允许的最大跳动量。

径向全跳动的公差带是半径差为公差值 t 且与基准同轴的两圆柱面之间的区域,如图 1-3-57 所示。

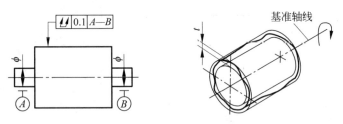

图 1-3-57 径向全跳动公差

端面全跳动的公差带是距离为公差值 t 且与基准垂直的两平行平面之间的区域,如图 1-3-58 所示。

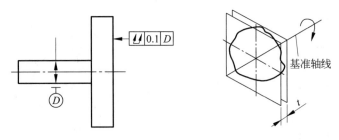

图 1-3-58 端面全跳动公差

（2）全跳动公差的测量。径向全跳动的测量如图 1-3-59 所示。将指示器沿径向放置,测量时指示器沿轴向移动,被测要素绕基准回转所测的最大与最小差值即为径向全跳动误差值。

端面全跳动的测量如图 1-3-60 所示。将指示器垂直端面放置,测量时指示器由外端向圆心移动,被测要素绕基准回转,最大与最小读数之差即为端面全跳动误差值。

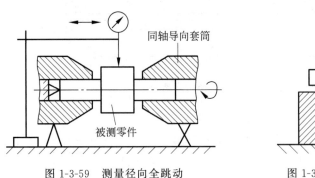

图 1-3-59 测量径向全跳动   图 1-3-60 测量端面全跳动

注:测量时用导向套筒,中心顶尖,V 形块模拟基准。

跳动公差具有综合限制形体形状和位置误差的特点。例如径向圆跳动综合限制了圆柱零件表面的圆度和圆柱度误差及其对基准轴线的同轴度误差,端面圆跳动综合限制了零件端面的平面度误差及其对基准轴线的垂直度误差等。由于跳动的测量比较方便,故常用来代替其他公差的项目,如以端面全跳动代替端面垂直度等。

（3）跳动公差的特性及应用。

① 跳动公差是一项综合公差,测量方便,故广泛应用于旋转类零件。

② 各项跳动公差中被测要素均为轮廓要素,基准要素均为中心要素。

③ 生产中有时用测量径向全跳动的方法测量同轴度。

任务实施

用水平仪按 6 个相等跨距测量机床导轨的直线度误差,假设各测点读数分别为:-5、-2、$+1$、-3、$+6$、-3(单位 μm)。求:(1)试换算成统一坐标值,并画出实际直线的误差图形;(2)试用最小区域法求出直线度误差值。

解答:选定 $h_0 = 0$,将各测点的读数依次累加,即得到各点相应的统一坐标值 h_i,如表 1-3-1 所列。

表 1-3-1 测量坐标值

序号 i	0	1	2	3	4	5	6
读数 a_i	0	-5	-2	$+1$	-3	$+6$	-3
累积值 $h_i = h_{i-1} + a_i$	0	-5	-7	-6	-9	-3	-6

以测点的序号为横坐标值,以 h_i 为纵坐标值,在坐标纸上描点,并将相邻点用直线连接;所得折线即为实际直线的误差曲线,如图 1-3-61 所示。

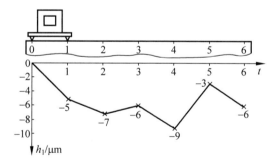

图 1-3-61 直线度误差曲线

（1）图解法。按比例在图上量取直线度误差为 $f = 6.6\mu m$。

（2）计算法。设上包容直线方程为 $y = ax + b$,由于直线过 $(0,0)$ 和 $(5,-3)$ 两点,故可解得

$$a = 0, \quad b = -\frac{3}{5} \quad 即 \quad y = -\frac{3}{5}x$$

下包容直线过 $(4,-9)$ 点,该点到上包容线的坐标距离即是直线度误差值

$$f = \left| -9 - \left[\left(-\frac{3}{5} \right) \times 4 \right] \right| = 6.6(\mu m)$$

任务评价

完成本任务中的相关内容,根据操作评价表中的内容进行自我评价和同学互评。

序号	评价内容	😊	😐	😞
1	各种形位公差带的含义			
2	各种形位公差的检测方法			

归纳梳理

◆ 本任务中学习了各种形位公差及其公差带的含义;

◆ 在理解形位公差带含义的基础上,掌握各种形位公差的检测方法。

巩固练习

根据现有量具,结合实训中所加工工件,设计工件所要求的各种形位公差的检测方法。

模块2

基本测量仪器及其操作

对于精度要求较低或较简单的工件,可用通用量具进行检测。而精度要求较高或通用量具无法全部测量的零件,运用综合性测量仪器就会比较方便。本模块在简单介绍通用量具的基础上,重点讲解影像测量仪和表面粗糙度测试仪的操作。

任务 2.1   通用量具简介

任务目标

- 了解常用量具的种类及适用范围;
- 掌握常用量具的使用方法;
- 能够根据零件尺寸特性选用正确的量具进行测量。

任务内容

1. 加工图 2-1-1 所示轴类零件,请选择合适的测量仪器检测该工件。可列出几种方案(见表 2-1-1),并比较各种方案的优缺点。

表 2-1-1   测量方案

方案	选用计量器具	测量步骤	优缺点
方案一			
方案二			
方案三			

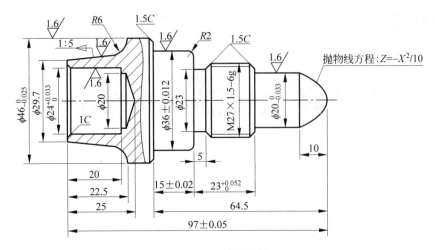

图 2-1-1　轴类零件

任务分析

同一个工件,可以有多种不同的测量方案。在条件许可的情况下,需选用最经济最省时的方案。在满足精度要求的前提下,选择通用量具可以快速实现简单尺寸的测量。

相关知识

通用量具是指那些测量范围和测量对象较广的量具,一般可直接得出精确的实际测量值,其制造技术和要求较复杂,一般是成系列、规范化的,由专业的生产企业制造。常用的尺寸检测工具有钢直尺、游标卡尺、千分尺、深度尺、高度尺、角度尺、塞尺、百分表等。

一、钢直尺、内外卡钳及塞尺

1. 钢直尺(见图 2-1-2)

钢直尺可以测量长度、距离等,测量范围有 100mm、150mm、300mm 和 1000mm,一般可以精确到 0.1mm。

图 2-1-2　钢直尺

钢直尺的测量结果不太准确。这是由于钢直尺的刻线间距为 1mm,而刻线本身的宽度就有 0.1~0.2mm,所以测量时读数误差比较大,只能读出毫米数,即它的最小读数值为 1mm,比 1mm 小的数值,只能估计而得。如果用钢直尺直接去测量零件的直径尺寸(轴径或孔径),则测量精度更差。其原因是:除了钢直尺本身的读数误差比较大以外,还由于钢直尺无法正好放在零件直径的正确位置。所以,零件直径尺寸的测量,也可以利用钢直尺和内外卡钳配合起来进行。

2. 内外卡钳（见图 2-1-3）

内外卡钳是最简单的比较量具。外卡钳是用来测量外径和平面的,内卡钳是用来测量内径和凹槽的。它们本身都不能直接读出测量结果,而是把测量得的长度尺寸(直径也属于长度尺寸),在钢直尺上进行读数,或在钢直尺上先取下所需尺寸,再去检验零件的直径是否符合。

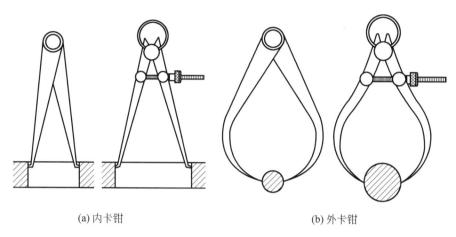

(a) 内卡钳   (b) 外卡钳

图 2-1-3　内外卡钳

3. 塞尺（见图 2-1-4）

塞尺又称厚薄规或间隙片,主要用来检验机床特别紧固面和紧固面、活塞与气缸、活塞环槽和活塞环、十字头滑板和导板、进排气阀顶端和摇臂、齿轮啮合间隙等两个结合面之间的间隙大小。塞尺是由许多层厚薄不一的薄钢片组成,按照塞尺的组别制成一把一把的塞尺,每把塞尺中的每片具有两个平行的测量平面,且都有厚度标记,以供组合使用。

图 2-1-4　塞尺

测量时,根据结合面间隙的大小,用一片或数片重叠在一起塞进间隙内。例如用 0.03mm 的一片能插入间隙,而 0.04mm 的一片不能插入间隙,这说明间隙在 0.03～0.04mm 之间,所以塞尺也是一种界限量规。塞尺的规格见表 2-1-1。

表 2-1-1 塞尺的规格

A 型	B 型	塞尺片长度/mm	片数	塞尺的厚度及组装顺序
组别标记				
75A13	75B13	75	13	0.02；0.02；0.03；0.03；0.04；0.04；0.05；0.05；0.06；0.07；0.08；0.09；0.10
100A13	100B13	100		
150A13	150B13	150		
200A13	200B13	200		
300A13	300B13	300		
75A14	75B14	75	14	1.00；0.05；0.06；0.07；0.08；0.09；0.19；0.15；0.20；0.25；0.30；0.40；0.50；0.75
100A14	100B14	100		
150A14	150B14	150		
200A14	200B14	200		
300A14	300B14	300		
75A17	75B17	75	17	0.50；0.02；0.03；0.04；0.05；0.06；0.07；0.08；0.09；0.10；0.15；0.20；0.25；0.30；0.35；0.40；0.45
100A17	100B17	100		
150A17	150B17	150		
200A17	200B17	200		
300A17	300B17	300		

二、游标读数量具

1. 游标卡尺（见图 2-1-5）

游标卡尺是一种常用的量具，具有结构简单、使用方便、精度中等和测量的尺寸范围大等特点，可以用它来测量零件的外径、内径、长度、宽度、厚度、深度和孔距等，应用范围很广。测量范围有 0～150mm、0～200mm 等。按其准确程度来分有三种，测量时可分别准确到0.1mm、0.05mm、0.02mm。

图 2-1-5 游标卡尺

测量或检验零件尺寸时，要按照零件尺寸的精度要求，选用相适应的量具。游标卡尺是一种中等精度的量具，它只适用于中等精度尺寸的测量和检验。用游标卡尺去测量锻铸件毛坯或精度要求很高的尺寸，都是不合理的。前者容易损坏量具，后者测量精度达不到要求，因为量具都有一定的示值误差，游标卡尺的示值误差见表 2-1-2。

表 2-1-2　游标卡尺的示值误差（mm）

游标读数值	示值总误差
0.02	±0.02
0.05	±0.05
0.10	±0.10

　　游标卡尺的示值误差，就是游标卡尺本身的制造精度，不论你使用得怎样正确，卡尺本身就可能产生这些误差。例如，用游标读数值为 0.02mm 的 0～125mm 的游标卡尺（示值误差为±0.02mm），测量 ϕ50mm 的轴时，若游标卡尺上的读数为 ϕ50.00mm，实际直径可能是 ϕ50.02mm，也可能是 ϕ49.98mm。这不是游标尺的使用方法上有什么问题，而是它本身制造精度所允许产生的误差。因此，若该轴的直径尺寸是 IT5 级精度的基准轴（$\phi 50_{-0.025}^{\ 0}$），则轴的制造公差为 0.025mm，而游标卡尺本身就有着±0.02mm 的示值误差，选用这样的量具去测量，显然是无法保证轴径的精度要求的。

　　如果受条件限制（如受测量位置限制），其他精密量具用不上，必须用游标卡尺测量较精密的零件尺寸时，又该怎么办呢？此时，可以用游标卡尺先测量与被测尺寸相当的块规，消除游标卡尺的示值误差（称为用块规校对游标卡尺）。例如，要测量上述 ϕ50mm 的轴时，先测量 50mm 的块规，看游标卡尺上的读数是不是正好 50mm。如果不是正好 50mm，则比 50mm 大的或小的数值，就是游标卡尺的实际示值误差，测量零件时，应把此误差作为修正值考虑进去。例如，测量 50mm 块规时，游标卡尺上的读数为 49.98mm，即游标卡尺的读数比实际尺寸小 0.02mm。则测量轴时，应在游标卡尺的读数上加上 0.02mm，才是轴的实际直径尺寸，若测量 50mm 块规时的读数是 50.01mm，则在测量轴时，应在读数上减去 0.01mm，才是轴的实际直径尺寸。另外，游标卡尺测量时的松紧程度（即测量压力的大小）和读数误差（即看准的哪一根刻线对准），对测量精度影响亦很大。所以，当必须用游标卡尺测量精度要求较高的尺寸时，最好采用和测量相等尺寸的块规相比较的办法。

2. 高度游标卡尺（见图 2-1-6）

　　高度游标卡尺用于测量零件的高度和精密划线。它的结构特点是用质量较大的基座代替固定量爪，而动的尺框则通过横臂装有测量高度和划线用的量爪，量爪的测量面上镶有硬质合金，以提高量爪使用寿命。高度游标卡尺的测量工作，应在平台上进行。当量爪的测量面与基座的底平面位于同一平面时，如在同一平台平面上，主尺与游标的零线相互对准。所以在测量高度时，量爪测量面的高度，就是被测量零件的高度尺寸，它的具体数值，与游标卡尺一样可在主尺（整数部分）和游标（小数部分）上读出。应用高度游标卡尺划线时，调好划线高度，用紧固螺钉把尺框锁紧后，也应在平台上先调整再进行划线。图 2-1-7 所示为高度游标卡尺的应用。

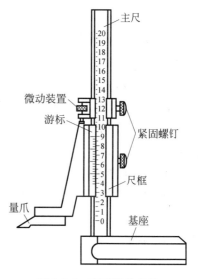

图 2-1-6　高度游标卡尺

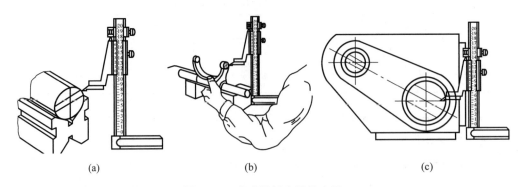

(a)　　　　　　　(b)　　　　　　　(c)

图 2-1-7　高度游标卡尺的应用

3. 深度游标卡尺（见图 2-1-8）

深度游标卡尺用于测量零件的深度尺寸或台阶高低和槽的深度。它的结构特点是尺框的两个量爪连成一体成为一个带游标测量基座,测量基座的端面和尺身的端面就是它的两个测量面。如测量内孔深度时应把基座的端面紧靠在被测孔的端面上,使尺身与被测孔的中心线平行,伸入尺身,则尺身端面至基座端面之间的距离,就是被测零件的深度尺寸。它的读数方法和游标卡尺完全一样。

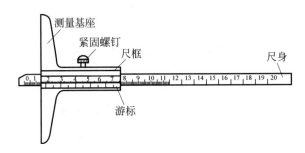

图 2-1-8　深度游标卡尺

4. 齿厚游标卡尺（见图 2-1-9）

齿厚游标卡尺是用来测量齿轮(或蜗杆)的弦齿厚和弦齿顶。这种游标卡尺由两互相垂直的主尺组成,因此它有两个游标。A 的尺寸由垂直主尺上的游标调整;B 的尺寸由水平主尺上的游标调整。刻线原理和读法与一般游标卡尺相同。

以上所介绍的各种游标卡尺都存在一个共同的问题,就是读数不很清晰,容易读错,有时不得不借放大镜将读数部分放大。现有游标卡尺采用无视差结构,使游标刻线与主尺刻线处在同一平面上,消除了在读数时因视线倾斜而产生的视差;有的卡尺装有测微表成为带表卡尺(见图 2-1-10),便于读数准确,提高了测量精度;更有一种带有数字显示装置的游标卡尺(见图 2-1-11),这种游标卡尺在零件表面上测量尺寸时,就直接用数字显示出来,使用极为方便。

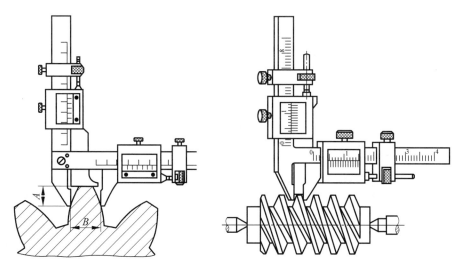

图 2-1-9　齿厚游标卡尺测量齿轮和蜗杆

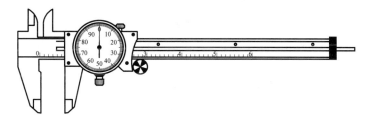

图 2-1-10　带表卡尺

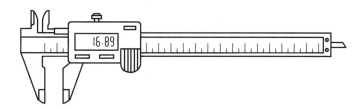

图 2-1-11　数字显示游标卡尺

三、螺旋测微量具

应用螺旋测微原理制成的量具，称为螺旋测微量具。它们的测量精度比游标卡尺高，并且测量比较灵活，多被应用于加工精度要求较高的情况。常用的螺旋读数量具有百分尺和千分尺。百分尺的读数值为 0.01mm，千分尺的读数值为 0.001mm。

千分尺的种类很多，机械加工车间常用的有：外径千分尺、内径千分尺、深度千分尺以及螺纹千分尺和公法线千分尺等，分别测量或检验零件的外径、内径、深度、厚度以及螺纹的中径和齿轮的公法线长度等。

1. 外径千分尺（见图 2-1-12）

各种千分尺的结构大同小异，常用外径千分尺是用以测量或检验零件的外径、凸肩厚度以及板厚或壁厚等(测量孔壁厚度的百分尺,其量面呈球弧形)。千分尺由尺架、测微头、测力装置和制动器等组成。

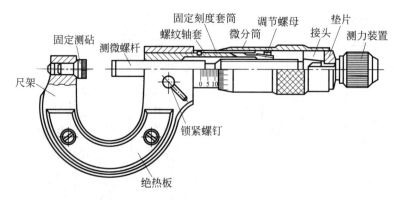

图 2-1-12   0~25mm 外径千分尺

千分尺测微螺杆的移动量为 25mm,所以千分尺的测量范围一般为 25mm。图 2-1-12 所示的是测量范围为 0~25mm 的外径千分尺。尺架的一端装着固定测砧,另一端装着测微头。固定测砧和测微螺杆的测量面上都镶有硬质合金,以提高测量面的使用寿命。尺架的两侧面覆盖着绝热板,使用千分尺时,手拿在绝热板上,防止人体的热量影响千分尺的测量精度。

千分尺是一种应用很广的精密量具,按它的制造精度,可分 0 级和 1 级两种,0 级精度较高,1 级次之。测量 IT6~IT10 级精度的零件尺寸较为合适。

2. 内径千分尺(见图 2-1-13)

内径千分尺主要用于测量小尺寸内径和内侧面槽的宽度。其特点是容易找正内孔直径,测量方便。国产内径千分尺的读数值为 0.01mm,测量范围有 5~30 和 25~50mm 的两种,图 2-1-13 所示为 5~30mm 的内径千分尺。内径千分尺的读数方法与外径千分尺相同,只是套筒上的刻线尺寸与外径千分尺相反,另外它的测量方向和读数方向也都与外径千分尺相反。

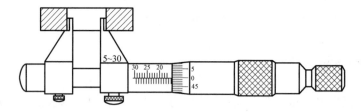

图 2-1-13   内径千分尺

3. 壁厚千分尺(见图 2-1-14)

壁厚千分尺主要用于测量精密管形零件的壁厚。壁厚千分尺的测量面镶有硬质合金,以提高使用寿命。测量范围(mm):0~10,0~15,0~25,25~50,50~75,75~100。读数值为 0.01mm。

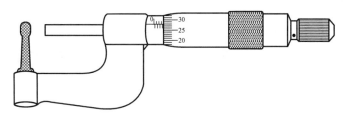

图 2-1-14　壁厚千分尺

4. 尖头千分尺（见图 2-1-15）

尖头千分尺主要用来测量零件的厚度、长度、直径及小沟槽,如钻头和偶数槽丝锥的沟槽直径等。测量范围(mm):0~25,25~50,50~75,75~100。读数值为 0.01mm。

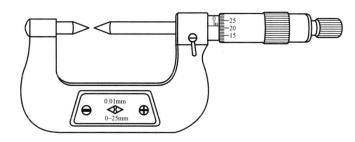

图 2-1-15　尖头千分尺

5. 螺纹千分尺（见图 2-1-16）

螺纹千分尺主要用于测量普通螺纹的中径。螺纹千分尺的结构与外径千分尺相似,所不同的是它有两个特殊的可调换的量头,其角度与螺纹牙形角相同。

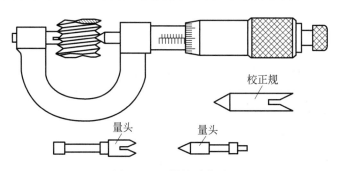

图 2-1-16　螺纹千分尺

6. 深度千分尺（见图 2-1-17）

深度千分尺是重要的测量深度的生产研究工具,具有较高的测量精度,可用来测量孔、槽等的深度。一般地,其测量范围为 0~200mm,读数可以精确到 0.01mm。

7. 三爪内径千分尺（见图 2-1-18）

三爪内径千分尺适用于测量中小直径的精密内孔,尤其适合测量深孔的直径。三爪内径千分尺的零位,必须在标准孔内进行校对。

图 2-1-17　深度千分尺

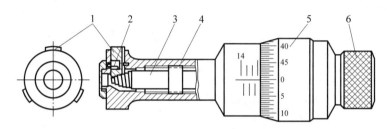

图 2-1-18　三爪内径千分尺

四、指示式量具

指示式量具是以指针指示出测量结果的量具。车间常用的指示式量具有：百分表、千分表、杠杆百分表和内径百分表等，主要用于校正零件的安装位置，检验零件的形状精度和相互位置精度，以及测量零件的内径等。

1. 百分表的结构

百分表和千分表，都是用来校正零件或夹具的安装位置，检验零件的形状精度或相互位置精度的。它们的结构原理没有什么大的不同，就是千分表的读数精度比较高，即千分表的读数值为 0.001mm，而百分表的读数值为 0.01mm。车间里经常使用的是百分表。

百分表的外形如图 2-1-19 所示。表盘 3 上刻有 100 个等分格，其刻度值（即读数值）为 0.01mm。当指针转一圈时，小指针即转动一小格，转数指示盘 5 的刻度值为 1mm。用手转动表圈 4 时，表盘 3 也跟着转动，可使指针对准任一刻线。测量杆 8 是沿着套筒 7 上下移动的，套筒 7 可作为安装百分表用。9 是测量头，2 是手提测量杆用的圆头。

由于百分表和千分表的测量杆是作直线移动的，可用来测量长度尺寸，所以它们也是长度测量工具。目前，国产百分表的测量范围（即测量杆的最大移动量）有 0～3mm，0～5mm，0～10mm。读数值为 0.001mm 的千分表，测量范围为 0～1mm。

2. 内径百分表（见图 2-1-20）

内径百分表是将测头的直线位移变为指针的角位移的计量器具，用比较测量的方法完成测量，用于不同孔径的尺寸及其形状误差的测量。百分表测量读数加上零位尺寸即为测量数据。测量范围有：10～18mm、18～35mm。

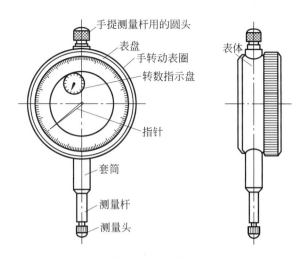

图 2-1-19　百分表

内径百分表的示值误差比较大,如测量范围为 35～50mm 的,示值误差为±0.015mm。为此,使用时应当经常地在专用环规或百分尺上校对尺寸(习惯上称校对零位),必要时可在由块规附件装夹好的块规组上校对零位,并增加测量次数,以便提高测量精度。内径百分表的指针摆动读数,刻度盘上每一格为 0.01mm,盘上刻有 100 格,即指针每转一圈为 1mm。

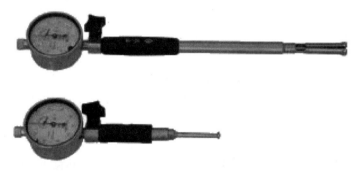

图 2-1-20　内径百分表

任务实施

如图 2-1-1 所示轴类零件,由于尺寸精度最高要求为 0.001mm,所以在选用量具时要考虑精度要求至少在 0.001mm。

对该零件进行测量时,尺寸测量可考虑选用精度为 0.001mm 的螺旋测微仪,也可选用精度较高的综合测量仪器,如影像测量仪、三坐标测量机等。螺纹的测量可用螺纹环规测量。表面粗糙度的测量可选用粗糙度比较样板或表面粗糙度测试仪来测量。

任务评价

完成图 2-1-1 零件尺寸的测量,并对各种方案进行比较。根据操作评价表中的内容进行自我评价和同学互评。

序号	评价内容	😊	😐	😞
1	常用量具的种类			
2	常用量具的使用方法			
3	根据实际情况正确选用测量方案			

归纳梳理

◆ 本任务中学习了各种常用量具的相关知识；

◆ 通过这个任务的学习，了解各种常用量具的适用范围；

◆ 会使用各种量具；

◆ 能根据工件实际情况选取合适的量具，设计测量方案。

巩固练习

查阅资料，了解各种常用量具的更多用途，并考虑如何使得测量时引入的误差降到最小？

任务 2.2　影像测量仪及其操作

任务目标

• 了解影像测量仪的工作原理、基本结构及分类；

• 能利用 EV3020T 手动型影像测量仪测量工件。

任务内容

利用 EV3020T 手动型影像测量仪测量图 2-2-1 所示工件，并输出检测报告。

任务分析

图 2-2-1 所示零件为数控铣床加工零件，形状较复杂。简单量具测量该零件步骤比较繁杂。而该零件尺寸精度要求为 0.01mm，选用测量精度为 2～3μm 的影像测量仪比较合适。它不但可以测量直线、圆等要素，还可以轻松地评价距离、直径、孔心距等尺寸公差。

相关知识

影像测量仪是一种新兴的精密几何量测量仪器。随着科技的发展，已经成为精密几何量测量最常用的测量仪器之一。影像测量仪利用影像测头采集工件的影像，通过数位图像处理技术提取各种复杂形状工件表面的坐标点，再利用坐标变换和资料处理技术转换成坐标测量空间中的各种几何要素，从而计算得到被测工件的实际尺寸、形状和相互位置关系。

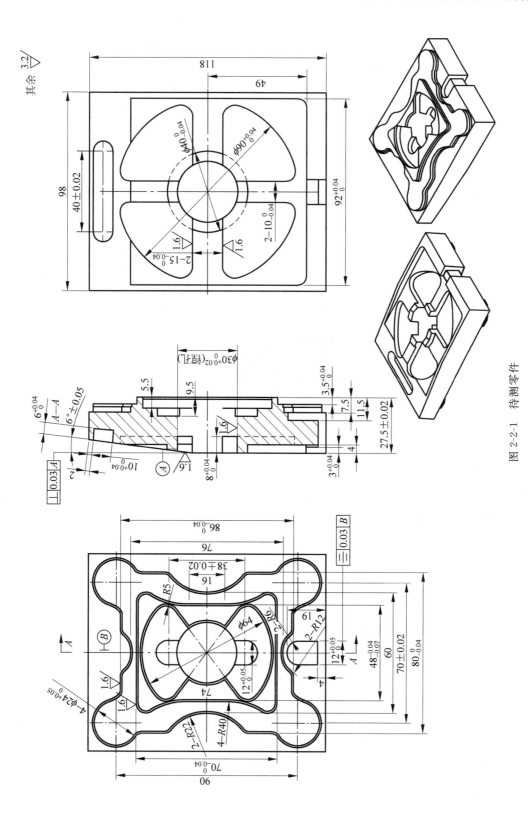

图 2-2-1 待测零件

经过近几十年的发展,影像测量仪的应用范围不断扩大,可以对各种复杂的工件轮廓和表面形状进行精密测量。现在,影像测量仪的测量物件包括电子零配件、精密模具、冲压件、PCB 板、螺纹、齿轮、成形刀具等各类工件,尤其在测量平面工件如印刷电路板,以及易变形、易损坏以及尺寸小的工件如橡胶、软塑料、小型零件等方面具有较大的优势。影像测量仪已逐渐进入到电子、机械、仪表、钟表、轻工、国防军工、航天航空等行业,成为高等院校、研究所、计量技术机构的实验室、计量室以及生产车间常用的精密测量仪器。

一、影像测量仪的基本结构

影像测量仪一般由机械主体、标尺系统、影像探测系统、驱动控制系统和影像测量软件等几大部分组成,如图 2-2-2 所示。

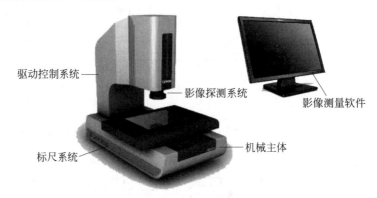

图 2-2-2 影像测量仪基本组成

1. 机械主体

机械主体是影像测量仪的主体组成部分,由结构型式、导轨和传动机构等构成,为了平衡 Z 轴的重量有时还需加入平衡部件。结构型式是影像测量仪的主体部分,一般由工作台、立柱或桥框、壳体构成。测量仪的工作台在导轨上运动,导轨一般采用滚动导轨、滑动导轨或气浮导轨。传动机构一般包括丝杠、光杠、齿形带、齿轮齿条等不同形式。

2. 标尺系统

标尺系统是决定影像测量仪精度的重要部件。影像测量仪的标尺系统一般采用光栅尺为位移传感器,有的测量仪还带有数显电气装置。

3. 影像探测系统

影像探测系统是影像测量仪区别于普通坐标测量机的关键部分。该系统安装在机械主体的 Z 轴上,利用 Z 轴的上下移动来调整高度位置。采集图像数据的好坏直接影响到影像测量仪的测量精度和重复性,因此影像探测系统的作用不可忽视。

影像探测系统一般由照明装置、镜头、图像传感器和图像采集卡等部分组成。影像测量仪一般提供表面光、轮廓光、同轴光三种照明方式。影像测量仪中使用的镜头通常是一个单目的显微镜头,可以通过系统调整成像的放大倍率。图像传感器一般采用 CCD 即电荷耦合器件(Charge Coupled Device),它采集图像并转化为电子信号,传给图像采集卡作进一步处理。

4．驱动控制系统

驱动控制系统是联系影像测量仪硬件和软件的纽带，是推动和控制影像测量仪运动的部件。尤其是在自动影像测量仪中，包括电子、机械以及光学部件等都需要用到电子控制。驱动控制系统一般由驱动电机和一些控制卡板组成，驱动电机提供动力，控制卡板则负责发送控制命令。驱动控制系统的主要功能包括：机台 XYZ 轴的运动控制、读取 XYZ 轴的坐标、控制镜头的变倍、调节光源的开关和亮度、实时监控影像测量仪的状态等。

5．影像测量软件

影像测量软件可以根据输入的工件影像进行各种几何量的测量。不同生产厂家的测量软件开发思路不同，导致其使用流程、功能也各有差异。但这些测量软件都应该能满足基本的测量功能，如几何量测量、图像处理分析、自动编程控制、机台控制等，以及高级的功能如统计分析等。此外，测量软件还应该能够输入输出图纸数据，输出测量报告。

二、影像测量仪的分类

影像测量仪有很多种分类方法。影像测量仪的机械主体与坐标测量机相同，因此可以分为柱式、固定桥式、移动桥式影像测量仪。对于小量程的测量仪，一般采用柱式的结构较多，对于大量程的测量仪，则采用桥式的较多。

按照操作方式的不同，则可以分为手动、自动影像测量仪。手动式结构简单，价格相对较低，通常属于低端机型。手动影像测量仪需要依靠操作人员手工操作来移动工作平台，调节测量镜头的放大倍率和聚焦程度。它需要人为参与测量，这些因素造成了实测误差大、随机性高，在批量测量时这种弊端尤其明显。自动影像测量仪的自动化程度高于手动影像测量仪，但相应的结构也更复杂，在设计、制造上都有更高的要求。自动影像测量仪利用自动控制技术，尽可能减少人工操作，避免了由于操作差异带来的误差，因此实测精度更高、表现稳定。自动影像测量仪还有一个明显的优势就是利用计算机编程，实现自动批量检测，可以极大地提高检测效率。

除了通用分类的影像测量仪，随着某些行业的需求增大，市场上还出现了专用型影像测量仪，又有了如轴类影像测量仪、齿轮影像测量仪等分法。

三、EV3020T 手动型影像测量仪

1．EV3020T 手动型影像测量仪的工作原理

EV3020T 手动型影像测量仪（见图 2-2-3）是一种柱式结构的影像测量仪，它与通用的影像测量仪一样。其工作原理描述如下：被测工件置于工作台上，在透射或反射光照明下，工件影像被摄像头摄取并传送到计算机。此时可使用软件的影像、测量等功能，配合对工作台的坐标采集，对工件进行点、线、面全方位测量。EV3020T 手动型影像测量仪的结构见图 2-2-4。

图 2-2-3　EV3020T 手动型影像测量仪

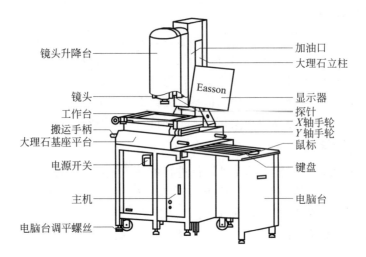

图 2-2-4　EV3020T 影像测量仪的结构

2. EV3020T 手动型影像测量仪的使用方法

（1）工作台的使用。如图 2-2-5 所示为 EV3020T 影像测量仪工作台示意图。测量时，被测工件放于工作台玻璃上，摇动 X、Y 轴手轮，可移动工作台；调节 X、Y 轴手柄，可快速移动工作台。测量完成后，将工作台还原，避免灰尘落入导轨。

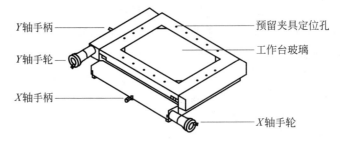

图 2-2-5　EV3020T 影像测量仪工作台示意图

（2）测量工件的流程。利用 EV3020T 手动型影像测量仪测量工件的流程描述如下。

① 将工件放到工作台上。

② 打开"Easson 2D"程序。

③ 需查找 X、Y、Z 轴尺中。

④ 调节 Z 轴，使影像清晰。

⑤ 调节上、下光源亮度。

⑥ 开始测量。

3. EV3020T 手动型影像量测仪的技术参数

EV3020T 手动型影像量测仪的技术参数如下：

（1）机台行程（X，Y）：$300mm \times 200mm \times 200mm$。

（2）分辨率：0.001mm。

（3）X、Y 轴线性精度：$U = \pm (3 + L/200) \mu m$。

（4）重复精度：±0.002mm。

（5）载物台尺寸：460mm×360mm。

（6）玻璃台尺寸：340mm×240mm。

（7）承载重量：30 kg。

（8）工件限高：200mm。

（9）影像系统：高解析工业彩色摄影机。

（10）物镜：TC 系列精密多段放大倍率远心镜头,光学放大倍率 0.75×～4.5×。

（11）影像放大倍率：25×～155×（实物到 17′屏幕 1024×768 像素）。

（12）探针系统：英国雷尼绍 MCP 测头配 $\phi1$、$\phi2$、$\phi3$ 探针（任选两件）。

（13）照明系统：透射为可调 LED 平行光、反射为四相可调 LED 环形光。

（14）传动方式：光杆传动＋双导轨。

（15）操作方式：X、Y 手轮＋快移 Z 电动。

（16）主机外形尺寸：690mm×810mm×890mm。

（17）整机外形尺寸：1200mm×900mm×1500mm。

（18）机台基座、Z 轴立柱：高精度花岗岩平台。

（19）仪器总重：250 kg。

（20）量测软件：光学视觉量测软件 Easson 2D,自主开发,免费升级。

（21）数据输出：测量数据 Word(doc)、Excel(xls)物件放大摄像图形(bmp、jpg)、二维图形 AutoCAD(dxf)、简单 SPC 分析,数据 Word(doc 格式)、Excel(xls 格式)。

（22）数据导入：二维图形 AutoCAD(dxf)。

（23）电源：AC 220±5V、50Hz。

（24）使用环境：温度(20±3)℃,湿度 35％～65％。

4. EV3020T 手动型影像量测仪测量软件 Easson2D 主要功能简介

EV3020T 手动型影像量测仪对工件测量功能的实现主要靠随机配备的测量软件来完成,该仪器配备的测量软件为 Easson2D,如图 2-2-6 所示。

（1）基本功能。其具有以下的基本功能：

① 笛卡尔坐标/极坐标转换。

② 绝对/相对/工作坐标转换。

③ 公/英制转换。

④ 度/度分秒转换。

⑤ 点/点群。

⑥ 两点/多点求线。

⑦ 三点/多点求圆及弧。

⑧ B-spline 线。

⑨ 两点间的距离。

⑩ 两线间的平均距离。

⑪ 点线间的距离。

⑫ 两圆心距离。

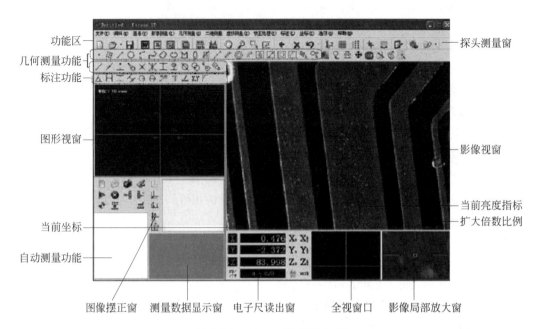

图 2-2-6 Easson2D 测量界面

⑬ 圆线距离。

⑭ 两线间的夹角及交点。

（2）特殊功能。其具有以下特殊功能：

① 软件控制光源。上光源为四相灯，下光源为直光源，增加机器适应性能。

② 量测工件无须调节摆正，软件提供坐标平移、旋转、摆正。

③ 直接在影像及几何区标注/移动尺寸。直线修剪、延伸功能。

④ 几何区点、线、圆/圆弧及直线端点、中点，圆心，象限点自动捕捉。

⑤ 调节 CCD 参数设定，提高自适应力；去除毛边功能，以正确取得量测数据。

⑥ 利用影像工具快速自动抓取基本几何轮廓边界点，直接拟合成线、圆、弧。

⑦ 量测区工件放大摄像图形化输出，转成（.bmp、.jpg）。

⑧ 测量数据化输出，转成 Word（.doc）、Excel（.xls）。

⑨ SPC 功能，直接输出管制图、制程能力指数，转成 Word、Excel。

⑩ 机械图形直接输出.dxf 格式，实现 2D 抄数功能，与 AutoCAD、Pro/e 等其他软件无缝连接。

⑪ 可转入.dxf 格式文件，与工件实物或测量图形进行比对。并可直接在影像区任取两点得到误差测量值。

⑫ 提供平面内直线度、圆度、角度分析，进行有效之品质检验。

⑬ 三维测量功能：圆、平面、圆柱、圆锥、球，平行度，垂直度，倾斜度。

⑭ 位置度，同轴度，径向跳动，轴向跳动。

⑮ 机台精度补偿，提高量测精度。

5. 仪器的维护保养

本仪器是光电计算机一体化的精密测量仪器,保持仪器的良好使用状态可以保证仪器原有的精度和延长仪器的使用寿命。该仪器的维护保养措施如下:

(1)仪器应放在清洁干燥的房间里(室温 20℃±5℃,湿度低于 60%)。

(2)请保持工作台清洁。

(3)防止锋利零件刮伤工作台或刮花玻璃。

(4)如测量零件需要把 Z 轴调低时,要注意不要让零件顶到镜头,以免影响精度。

(5)移动工作台时不要用力过猛,以免撞伤工作台限位块引起精度下降。

(6)长时间不用请把工作台移到中间位置,并把 X,Y 轴手柄打到约 30° 位置。

(7)如镜头镜片弄脏,请使用专门镜片清洁剂,而不要使用有机溶剂(如酒精、乙醚等)擦拭,以免溶解镜头表面镀膜层。

(8)用完后请关闭机身及电脑电源。

(9)将 Z 轴升到最高,在加油口加上润滑油。

图 2-2-7 仪器电源

任务实施

1. 开机准备动作

STEP1 打开仪器电源开关(见图 2-2-7)。

STEP2 打开"Easson 2D"程序(见图 2-2-8)。与此同时,仪器启动(见图 2-2-9)。

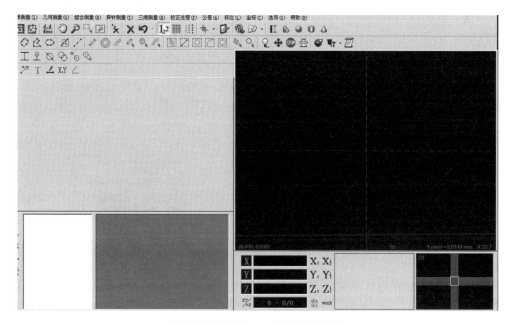

图 2-2-8 "Easson 2D"程序界面

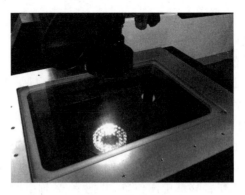

图 2-2-9　仪器启动

2. 仪器初始化

STEP1　寻找 XY 轴尺中（见图 2-2-10）。

STEP2　根据软件提示（见图 2-2-11），沿 X 轴将工作台移动到最右端，再向最左端移动（见图 2-2-12），直到软件提示 X 轴尺中定位结束（见图 2-2-13）。

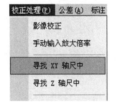

图 2-2-10　寻找 XY 轴尺中　　　　　图 2-2-11　X 轴移动提示

STEP3　根据软件提示（见图 2-2-13），沿 Y 轴将工作台移动到最前端，再向最后端移动（见图 2-2-14），直到软件提示 Y 轴尺中定位结束（见图 2-2-15）。

图 2-2-12　快速移动 X 轴　　　　　图 2-2-13　X 轴尺中定位结束

STEP4　寻找 Z 轴尺中（见图 2-2-16）。

STEP5　根据软件提示（见图 2-2-17），启动手柄上"PROBE UP"按钮，将升降台沿 Z 轴移动到最顶端。启动手柄上"PROBE DOWN"按钮，将升降台沿 Z 轴向最底端移动（见图 2-2-18）。直到软件提示 Z 轴尺中定位结束（见图 2-2-19）。

图 2-2-14 Y 轴移动提示

图 2-2-15 Y 轴尺中定位结束

图 2-2-16 寻找 Z 轴尺中

图 2-2-17 Z 轴移动提示

图 2-2-18 移动 Z 轴

图 2-2-19 Z 轴尺中定位结束

3. 影像校正

STEP1 将影像校正片放在工作台上(见图 2-2-20),利用手柄移动 Z 轴聚焦,使得软件影像区显示清晰,选中"影像校正"指令(见图 2-2-21)。

图 2-2-20 影像校正片

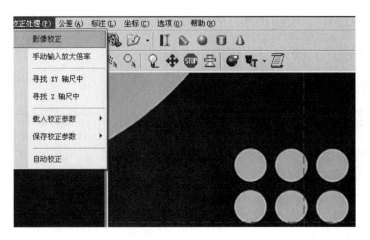

图 2-2-21 "影像校正"指令

STEP2 根据软件提示,选定影像区同一个圆,将其分别移动到三个圆圈标志的附近,在圆的边缘利用鼠标左键选择,并右击结束(见图 2-2-22)。即可完成校正,软件就会提示仪器当前放大倍率(见图 2-2-23)。

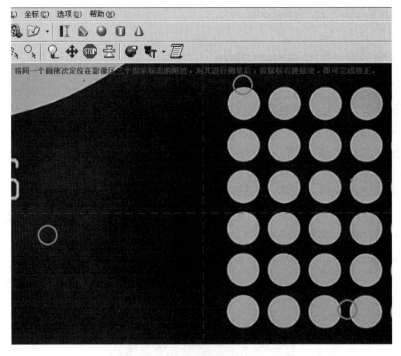

图 2-2-22 影像校正

4. 放置工件并聚焦

STEP1 将被测工件放置在工作台上(见图 2-2-24),注意工件摆放的位置最好与图样标注一致,以方便后续测量。

STEP2 利用手柄调整 Z 轴使图像清晰(见图 2-2-25)。

图 2-2-23 影像校正成功

图 2-2-24 放置工件

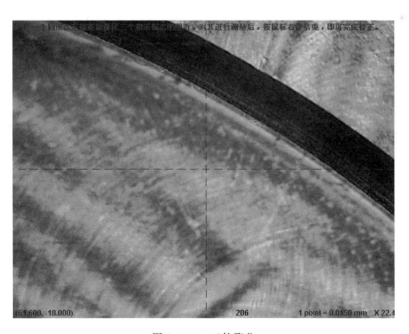

图 2-2-25 工件聚焦

5．测量直线并评价距离

主要讲解图 2-2-26 所示主视图上尺寸的测量。

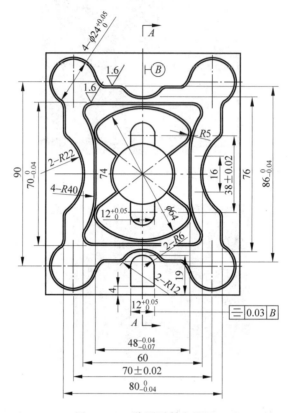

图 2-2-26　待测零件主视图

STEP1　新建一个测量文档(见图 2-2-27)。

STEP2　选中"直线或回归直线"指令,再选择键槽的一个边(见图 2-2-28),选择时在直线边缘选 2 个或多个点,然后右击即可,软件的图形视窗会同时生成直线 1。

图 2-2-27　新建文档

图 2-2-28　"直线或回归直线"指令

STEP3　将工作台右移,让图像视窗显示键槽的另外一边,用同样的方法测量生成直线 2(见图 2-2-29)。

STEP4　选中"两线平均距离"指令,在图形视窗选择直线 1 和直线 2,即可得到这两条直线间的平均距离。双击测量数据显示窗的距离 3,可更改其标准值及正、负公差(见图 2-2-30)。

图 2-2-29 直线 1、2 及距离 3　　　图 2-2-30 距离 3 的公差设定

STEP5 以同样的方法测量相关直线并评价距离。

6. 测量圆并评价孔心距

STEP1 选择"圆"指令(见图 2-2-31),与测量直线的方法一样,在影像区圆的边缘选 3 个或多个点,即可生成圆(见图 2-2-32)。由于工件放大倍率较高,无法在影像区完全显示,因此测量过程中取点时需移动工作台,并尽量保证取点的范围较大以提高测量的精度。

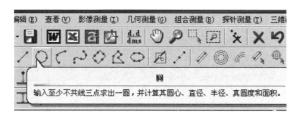

图 2-2-31 "圆"指令

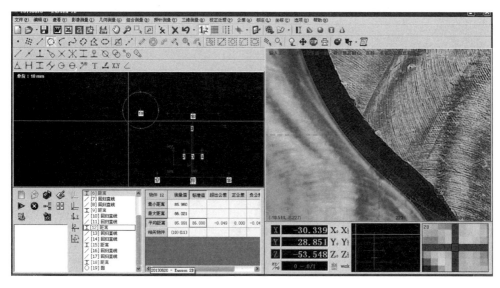

图 2-2-32 测量圆

STEP2 以同样的方法测量其余相关圆。

STEP3 选择"两圆距离"指令(见图 2-2-33),在图形视窗选择直线 20 和直线 21,即可得到这两个圆的孔心距。双击测量数据显示窗的距离 22,可更改其标准值及正、负公差(见

图 2-2-34）。

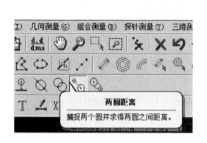

图 2-2-33 “两圆距离”指令

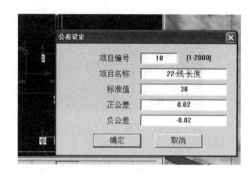

图 2-2-34 孔心距评价

7. 输出报告

待所有要素测量并评价完成后，就需要输出测量报告了。该软件可输出 Word、Excel、PDF 等多种文档格式。以输出 Excel 格式报告为例。

STEP1 在测量数据显示窗选择需要输出的要素及距离。

STEP2 选中“输出 excel 报告”指令，即可输出测量报告（见图 2-2-35）。

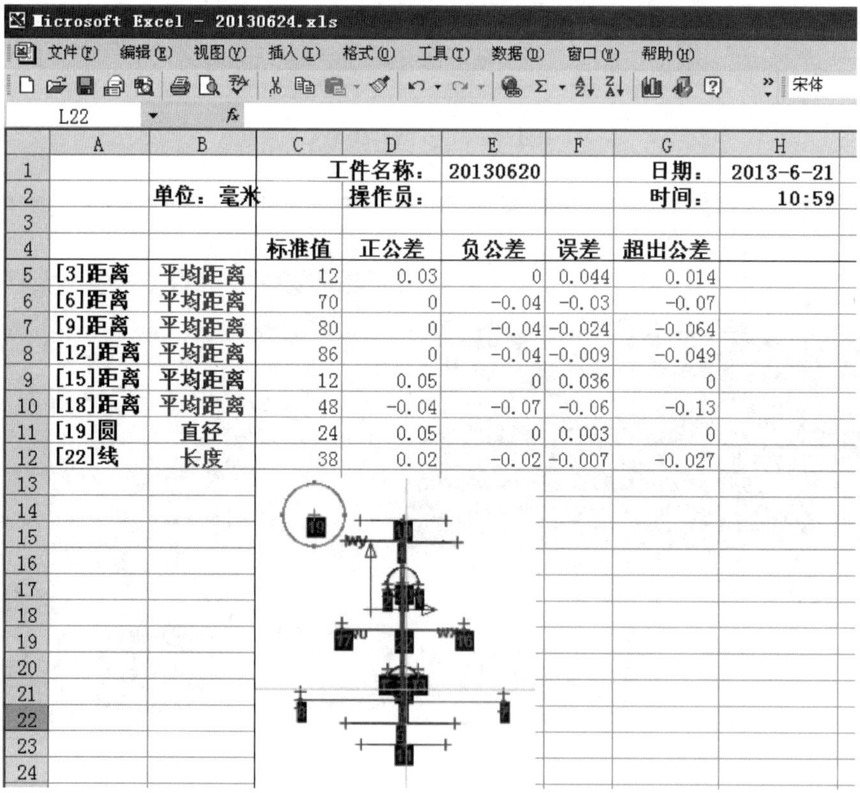

	A	B	C	D	E	F	G	H
1				工件名称：	20130620		日期：	2013-6-21
2		单位：毫米		操作员：			时间：	10:59
3								
4			标准值	正公差	负公差	误差	超出公差	
5	[3]距离	平均距离	12	0.03	0	0.044	0.014	
6	[6]距离	平均距离	70	0	-0.04	-0.03	-0.07	
7	[9]距离	平均距离	80	0	-0.04	-0.024	-0.064	
8	[12]距离	平均距离	86	0	-0.04	-0.009	-0.049	
9	[15]距离	平均距离	12	0.05	0	0.036	0	
10	[18]距离	平均距离	48	-0.04	-0.07	-0.06	-0.13	
11	[19]圆	直径	24	0.05	0	0.003	0	
12	[22]线	长度	38	0.02	-0.02	-0.007	-0.027	

图 2-2-35 输出测量报告

【任务评价】

完成图 2-2-1 零件主视图尺寸的测量,并生成测量报告。根据操作评价表中的内容进行自我评价和同学互评。

序号	评价内容	😊	😐	😞
1	开机准备			
2	寻找 X、Y、Z 轴尺中			
3	影像校正			
4	测量直线			
5	测量圆			
6	尺寸评价			
7	输出报告			

【归纳梳理】

◆ 本任务中学习了 EV3020T 影像测量仪的操作;

◆ 通过这个任务的学习,能够利用影像测量仪测量工件。

巩固练习

以图 2-2-1 所示零件为例,练习测量左视图(见图 2-2-36)所示尺寸并生成测量报告。

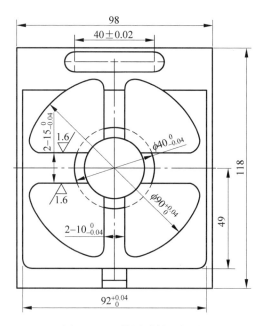

图 2-2-36　待测零件左视图

任务 2.3 表面粗糙度仪及其操作

任务目标

- 掌握表面粗糙度仪的工作原理；
- 掌握 JB-4C 精密粗糙度仪的结构及主要技术指标；
- 熟练操作 JB-4C 精密粗糙度仪。

任务内容

利用 JB-4C 精密粗糙度仪测量图 2-3-1 所示配合件的表面粗糙度，并输出检测报告。

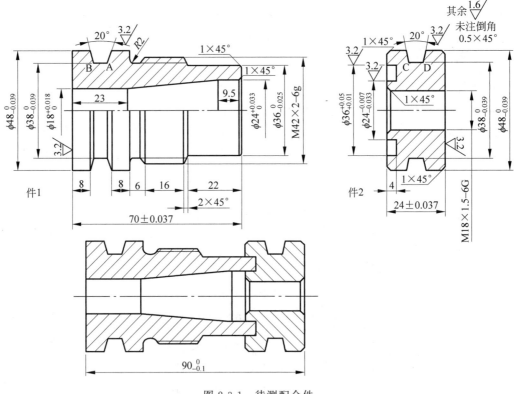

图 2-3-1 待测配合件

任务分析

该零件为数控车床所加工的配合件，表面粗糙度有 ⌄ 和 ⌄ 两种要求。利用传统的粗糙度样板比对的方法不能得到被测表面准确的粗糙度值，而利用表面粗糙度仪就可方便地得到被测面的精确数值。

相关知识

一、粗糙度仪概述

1．粗糙度仪的发展历史

表面质量的特性是零件最重要的特性之一。在计量科学中表面质量的检测具有重要的地位。最早人们是用标准样件或样块，通过肉眼观察或用手触摸，对表面粗糙度做出定性的综合评定。1929 年德国的施马尔茨（G. Schmalz）首先对表面微观不平度的深度进行了定量测量。1936 年美国的艾特研制成功第一台车间用的测量表面粗糙度的轮廓仪。1940 年英国 Taylor-Hobson 公司研制成功表面粗糙度测量仪"泰吕塞夫（TALYSURF）"。以后，各国又相继研制出多种测量表面粗糙度的仪器。目前，测量表面粗糙度常用的方法有：比较法、光切法、干涉法、针描法和印模法等。而测量迅速方便、测值精度较高、应用最为广泛的就是采用针描法原理的表面粗糙度测量仪。

2．表面粗糙度仪的工作原理

针描法又称触针法。当触针直接在工件被测表面上轻轻划过时，由于被测表面轮廓峰谷起伏，触针将在垂直于被测轮廓表面方向上产生上下移动。通过电子装置将这种移动的信号加以放大。然后通过指示表或其他输出装置将有关粗糙度的数据或图形输出来。

图 2-3-2 所示为针描法的测量原理图。

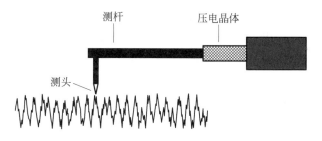

图 2-3-2　针描法测量原理

随着科技的发展，表面粗糙度仪的数据处理由计算机系统完成，计算机自动地将其采集的数据进行数字滤波和计算，得到测量结果，测量结果及轮廓图形在显示器显示或打印输出，仪器性能有了极大的提高。

二、JB-4C 精密粗糙度仪

JB-4C 精密粗糙度仪是一种触针式表面粗糙度测量仪器，该仪器可对各种零件表面的粗糙度进行测试。可测试平面、斜面、外圆柱面、内孔表面、深槽表面、圆弧面和球面的粗糙度，并实现多种参数测量。

1．结构（见图 2-3-3）

仪器由花岗岩平板、工作台、传感器、驱动箱、显示器、计算机和打印机等部分组成，驱动箱提供了一个行程为 40 毫米长的高精度直线基准导轨，传感器沿导轨作直线运动，驱动箱可通过顶部水平调节钮作 ±10° 的水平调整。仪器带有计算机及专用测量软件,可选定被测零件的不同位置,设定各种测量长度进行自动测量。评定段内采样数据达 3000 个点,并可显示或打印轮廓、各种粗糙度参数及轮廓的支承长度率曲线等。

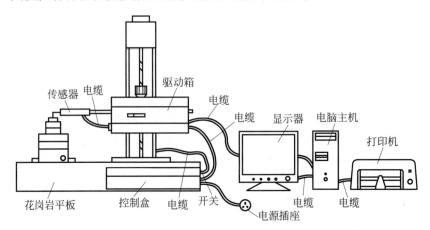

图 2-3-3　JB-4C 表面粗糙度仪的结构

2. 主要技术指标

(1) 测量参数:R_a,R_z,R_S,R_{Sm},R_p,R_v,R_q,R_t,R_{max},D,R_{mr} 曲线等。

(2) 取样长度 L:0.08,0.25,0.8,2.5mm(测量圆弧面或球面取样长度可选择 0.25mm 和 0.8mm)。

(3) 评定长度 L_n:1L,2L,3L,4L,5L 等可任选。

(4) 测量范围:R_a 0.01～10μm;传感器垂直移动范围 0.6mm。

(5) 最小显示值:0.001μm。

(6) 仪器示值误差:≤±5%±4nm。

(7) 传感器移动的速度:0.5mm/sec。

(8) 可测内孔:≥5mm。

(9) 传感器触针:标准型(高度小于 8mm),小孔型各 1 支。触针半径 2μm,静态测力 0.75mN。

(10) 可以测量轴承内外圈滚道的粗糙度;测量尺寸:内圈:最大外径 280mm;外圈:最小孔径 12mm,厚度小于 160mm。

(11) 工作台:旋转角度:360 度,X、Y 移动:15mm。

(12) 外接电源:交流 220V 50Hz±10%。

3. 操作流程

(1) 打开微机及控制盒右侧开关。

(2) 进入测量程序 jb-4c.exe。

启动应用程序见图 2-3-4,窗口第一行显示的菜单,定义如下:

① 文件。显示初态;垂直坐标上显示一段小的红线,代表传感器触针的高低位置。

② 打开。打开一个现有文档,提供查阅。

③ 保存。将活动文档以一个新文件名保存或取代一个旧文件。

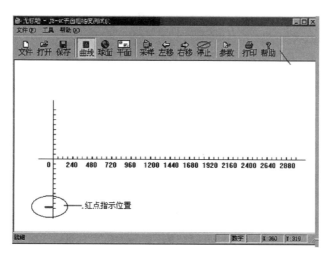

图 2-3-4 JB-4C 精密粗糙度仪操作窗口

④ 曲线。显示采样的一段轮廓线。

⑤ 球面。显示圆弧或球形测量的粗糙度报告。

⑥ 平面。显示平面测量的粗糙度报告。

⑦ 采样。采样一次。

⑧ 左移。传感器向左移动。

⑨ 右移。传感器向右移动。

⑩ 停止。停止向左或右移动。

⑪ 参数。设置取样长度、分段数、传感器触针种类和测量面。

⑫ 打印。打印测试结果。

⑬ 帮助。显示程序信息,版号和版权。

(3) 调整传感器(见图 2-3-5)和工作台(见图 2-3-6)的位置。

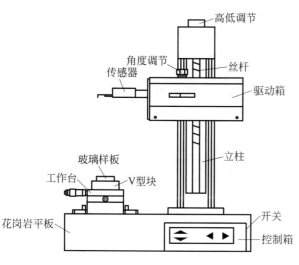

图 2-3-5 调整传感器

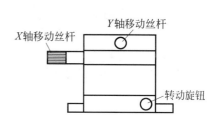

图 2-3-6 调节工作台

参照图 2-3-5 按下控制盒面板左侧向下箭头按键,可以接通马达带动立柱中间的丝杆转动,从而使驱动箱向下移动;当传感器触针和工件接触即自动停止,观察显示屏上垂直坐标上的红点(见图 2-3-4),该点表示传感器触针在上下轴的位置。

(4)测量。对工件进行测量。

(5)显示粗糙度参数和打印。

任务实施

1. 开机准备

STEP1 安装触针,要保证触针竖直向下垂直于被测表面,如图 2-3-7 所示。

STEP2 打开控制盒开关,如图 2-3-8 所示。

STEP3 启动 JB-4C 测量程序。

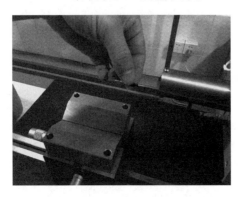

图 2-3-7　安装测针

图 2-3-8　打开控制盒开关

2. 放置工件,调整触针位置

将工件放置在工作台上(见图 2-3-9),调整"控制盒"按钮(见图 2-3-10)使得触针接触到被测表面。同时观察显示屏上垂直坐标上的红点(见图 2-3-11),当红点位于原点位置时表示传感器触针已调整好。

图 2-3-9　放置工件

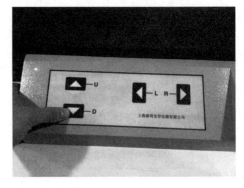

图 2-3-10　调整控制盒

3. 参数设置

对于该被测面,取样长度设置为 0.8mm,评定长度取 5 段取样长度,为 4mm。具体参数设置如图 2-3-12 所示。

4. 开始测量

STEP1 选中"采样"指令,触针开始在工件表面从左向右移动测量,移动评定长度后测量完成。软件屏幕上显示被测表面的轮廓曲线,并提示选择测量的起始点和终点,如图 2-3-13 所示。

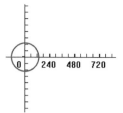

图 2-3-11 红点调整至原点

图 2-3-12 参数设置

图 2-3-13 选择起始点和终点提示

STEP2 单击选择测量起始点和终点(见图 2-3-14),再选择"平面"指令,即可得到被测面的各种粗糙度评定参数值,如图 2-3-15 所示。

图 2-3-14 选择起始点和终点

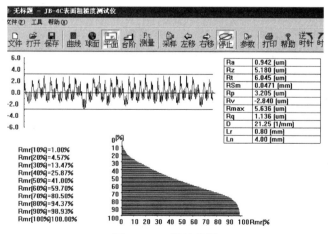

图 2-3-15 测量结果

5. 打印报告

选择"打印"指令,按需要可直接打印,也可将测量报告保存成电子档。如图 2-3-16 所示为保存为图片形式的测量报告。可以看出被测表面的 Ra 值为 $0.942\mu m < 1.6\mu m$,符合图样要求。

其他被测面可按以上步骤测量。

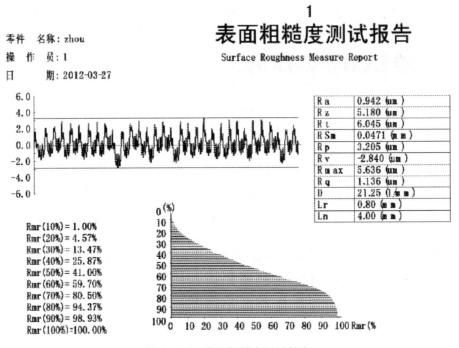

图 2-3-16　表面粗糙度测试报告

任务评价

完成图 2-3-1 所示零件表面粗糙度为 $\sqrt{}$ 的测试,根据操作评价表中的内容进行自我评价和同学互评。

序号	评价内容	😊	😐	😞
1	开机准备			
2	触针位置调整			
3	测量粗糙度			
4	输出测试报告			

归纳梳理

◆ 本任务中学习了 JB-4C 表面粗糙度仪的操作;

◆ 通过这个任务的学习,达到利用表面粗糙度仪测量工件的能力。

巩固练习

测量图 2-3-17 所示工件的表面粗糙度,并输出测量报告。

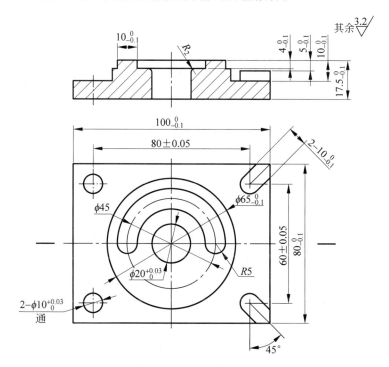

图 2-3-17　巩固练习零件

模块3

三坐标测量机及其操作

　　随着人们生活水平的提高和制造业的快速发展,特别是机床、机械、汽车、航空航天和电子工业的发展,各种复杂零件的研制和生产需要先进的检测技术;同时为应对全球竞争,生产现场非常重视提高加工效率和降低生产成本,其中,最重要的便是生产出高质量的产品。为此,必须实行严格的质量管理,只有在保证高质量生产的前提下,制造业才能生存和发展。因此,为确保零件的尺寸和技术性能符合要求,必须进行精确的测量,因而体现三维测量技术的三坐标测量机应运而生,并迅速发展和日趋完善。三坐标测量机广泛应用于机械制造、仪器制造、电子工业、航空和国防工业,特别适用于测量常规量具无法精确检测的尺寸,比如箱体类零件的孔距和面距、模具、精密铸件、电子线路板、汽车外壳、发动机零件、凸轮、飞机形体等带有空间曲面的工件。

任务 3.1　初识三坐标测量机

任务目标

- 掌握三坐标测量机的组成、工作原理及分类;
- 重点理解触发式测头、气浮轴承导轨的工作原理;
- 了解 BQC654R 三坐标测量机的特性参数。

任务内容

1. 结合 BQC654R 三坐标测量机,说出图 3-1-1 所示三坐标测量机各组成部件的名称。

2. 三坐标测量机的工作原理：_____。

3. 三坐标测量机的分类：_____、_____、_____、_____、_____。其中 BQC654R 属于_____三坐标测量机。

4. 简述三坐标测量机所使用的气浮轴承导轨(见图 3-1-2)的工作原理及特性。

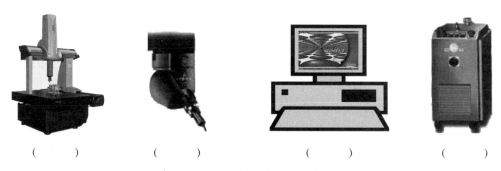

( )　　　　( )　　　　( )　　　　( )

图 3-1-1　三坐标测量机的组成部件

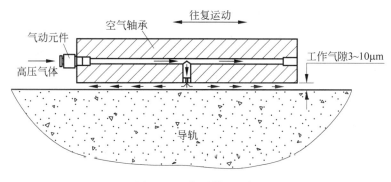

图 3-1-2　气浮轴承导轨

任务分析

三坐标测量机可以快速实现复杂零件的精密测量,在精密加工行业越来越显示出其应用的广泛性和重要性。在学习三坐标测量机的操作之前,应首先学习其工作原理、分类和组成结构等基本知识。

相关知识

一、概述

三维测量是基于以下的客观要求发展起来的。

(1) 越来越多的工件需要进行空间三维测量,而传统的测量方法不能满足生产的需要。

传统的测量方法是指用传统测量工具(如千分表、量块、卡尺等)进行的测量,属相对测量。其测量特点为:

① 测量工具本身精度不高,人为误差较大。

② 工具量程小,被测工件尺寸、形状受到限制。

③ 许多形状较复杂的测量任务(如曲面)难以实现。

④ 占用机时较长。

(2) 由于机械加工、数控机床加工及自动加工线的发展,生产节拍的加快,加工一个零件仅有几十分钟或几分钟,要求加快对复杂工件的检测。例如:汽车和摩托车都采用流水生产线,每辆车上有几千甚至上万个零件,这些零件是由专业化厂分散生产,最后集中部装和总装,每隔几分钟就生产出一辆车。

(3)在制造业中,大多数产品都是按照 CAD 数学模型在数控机床上制造完成的,它与原 CAD 数学模型相比,确定其在加工制造中产生的误差,就需用三坐标测量机进行测量。

在三坐标测量机的软件系统中可以用图形方式显示原 CAD 数学模型,再按照可视化方式从图形上确定被测点,得到被测点的 X、Y、Z 坐标值及法向矢量,便可生成自动测量程序。三坐标测量机可按法线方向对工件进行精确测量,获得准确的坐标测量结果,也可与原 CAD 数学模型进行比较并以图形方式显示、生成坐标检测报告(包括文本报告和图表报告),全过程直观快捷,而用传统的检测方法则无法完成。

(4)随着生产规模日益扩大,加工精度不断提高,除了需要高精度三坐标测量机的计量室检测外,为了便于直接检测工件,测量往往需要在加工车间进行,或将测量机直接串连到生产线上。检验的零件数量加大,科学化管理程度加强,因而需要各种精度的坐标测量机,以满足生产的需要。

(5)实现逆向(反求)工程的需要。例如随着模具生产的发展,往往采用按制好的工件模型去仿制模具,故需要三维扫描测量出工件轮廓曲线的数据。因此需要与"数控机床"或"加工中心"相配合的三维检测技术。

二、三坐标测量机的发展历史

坐标测量机问世于 20 世纪 60 年代,坐标测量机工业迅速发展。最早的坐标测量机是一个仅仅配备 XYZ 三轴数显的三维设备。1956 年,英国 Ferranti 公司开发了第一台三坐标测量机,如图 3-1-3 所示。

世界上第一个触发测头

图 3-1-3　第一台三坐标测量机

1992 年全球拥有三坐标测量机 46100 台,年销售增长率在 7%~25% 左右。发达国家拥有量高,在欧美、日韩每 6~7 台机床配备一台三坐标测量机。

我国三坐标测量机生产始于 20 世纪 70 年代,年增长率在 20% 以上。

目前,三坐标测量机被广泛应用在汽车、家电、电子、模具等制造领域。

三、三坐标测量机的工作原理

三坐标测量机是由三个相互垂直的运动轴 X、Y、Z 建立起一个直角坐标系,测头的一切运动都在这个坐标系中进行,测头的运动轨迹由测球中心点来表示。测量时,把被测零件放在工作台上,测头与零件表面接触,三坐标测量机的检测系统可以随时给出测球中心点在坐标系中的精确位置。当测球沿着工件的几何型面移动时,就可以得出被测几何型面上各点的坐标值。将这些数据送入计算机,通过相应的软件进行处理,就可以精确地计算出被测工件的几何尺寸、形状和位置公差等。

四、三坐标测量机的组成

如图 3-1-4 所示,三坐标测量机主要由四部分组成,分别是:测量机主机、控制系统、测头系统和计算机系统。下面分别予以介绍。

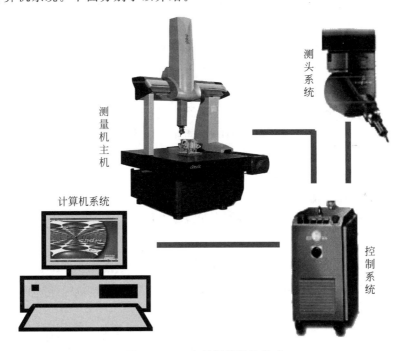

图 3-1-4 三坐标测量机的组成

1. 测量机主机

按结构形式可以分桥式、悬臂式、龙门式等;按传动方式可分为气浮式传动、丝杆传动。

主机主要由大理石台面、横梁、垂直轴、机械结构件、气路系统、传动系统、平衡机构、外罩等组成。

气路系统具有自保护功能,气路系统必须包括气源处理模块,是测量机精度长期稳定的保证。

三坐标测量机采用空气轴承气路系统(过滤器、开关、传感器、气浮块、气管),使运动部件无摩擦。图 3-1-5 所示为气浮轴承工作原理。

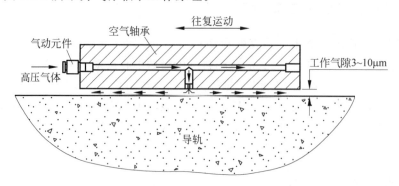

图 3-1-5　气浮轴承导轨

气浮轴承导轨指的是用气体(通常是空气,但也有可能是其他气体)作为润滑剂的滑动轴承。空气比油黏滞性小,耐高温,无污染,而且具有许多优点:①更高精度;②高速;③增加导轨寿命;④提高表面光度;⑤延长轴承寿命;⑥减小导轨摩擦;⑦降低振动;⑧清洁等。

主机是测量机精度的基础。主要是因为其大理石热稳定性好。气浮结构、同步带传动、直流伺服传动能保证无摩擦传动,传动平稳,精度高,且精度稳定性好。

2. 控制系统

控制系统包括:光栅系统、驱动系统、控制器。光栅系统是提高测量机精度的保证,分辨率一般为 $0.1\mu m$ 或 $0.5\mu m$,可获得三轴的空间坐标。驱动系统一般采用直流伺服驱动,特点是传动平稳,功率较小。

控制器是整个控制系统的核心,负责设备各种电气信号的处理和软件的通信,另外把软件的控制指令转化为电气信号控制主机运动,把设备实时状态信息传输给软件。目前控制器的发展方向:模块化、数字化、支持 I++ 协议,通用化。

3. 测头系统

测头系统是测量机的核心部件,能确保测量机的精度,精度为 $0.1\mu m$。

测头系统包括测座、测头、测针三部分;测座有手动、机动、全自动测座;测头分触发式和扫描式;测针有各种类型:针尖、球头、星形测针等。

大部分工件的精密测量都使用接触式触发测头。其原理如图 3-1-6 所示。机械触发式测头包括 3 个电气触点。在探针偏移后,至少一个触点断开。这一瞬间,测量机将立即读取 X、Y 和 Z 坐标。这些坐标值代表了这一瞬间的探针测球中心坐标。

测头传感器在探针接触被测点时发出触发信号;控制器根据命令控制测座旋转到指定角度,并控制测头工作方式转换;测座连接测头,可以根据命令(或手动)转换角度。

测头系统的发展趋势为全自动,精度更高,更灵敏。

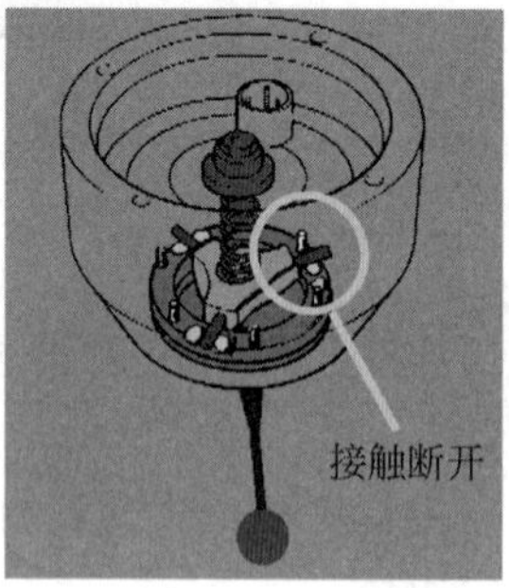

接触断开

图 3-1-6　接触式触发测头

4. 计算机系统

计算机系统从功能上分主要包括通用测量模块、专用测量模块、统计分析模块、各类补偿模块。

通用测量模块作用有：完成整个测量系统的管理，包括测头校正、坐标系建立与转换、几何元素测量、形位公差评价、输出文本检测报告。

专用测量模块一般包括齿轮测量模块、凸轮测量模块、叶片模块。

统计分析模块一般在工厂里，对一批工件的测量结果的平均值、标准偏差、变化趋势、分散范围、概率分布等进行统计分析，可以对加工设备的能力和性能进行分析。

五、三坐标测量机的分类

三坐标测量机有不同的操作需求、测量范围和测量精度，这些对选用三坐标测量机是很重要的。

按三坐标测量机结构可分为如下几类。

1. 活动桥式（见图 3-1-7）

活动桥式结构，为最常用的三坐标测量机的结构。主轴在垂直方向移动，厢形架导引主轴沿水平梁方向移动，此水平梁垂直轴且被两支柱支撑于两端，梁与支柱形成"桥架"，桥架沿着两个在水平面上垂直于轴的导槽方向移动。因为梁的两端被支柱支撑，所以可得到最小的挠度，且比悬臂型有较高的精度。

优点：

（1）机构简单，结构刚性好，承重能力大。

（2）工件重量对测量机的动态性能没有影响。

缺点：

（1）X 向的驱动在一侧进行，单边驱动，扭摆大，容易产生扭摆误差。

（2）光栅是偏置在工作台一边的，产生的阿贝误差较大，对测量机的精度有一定影响。

（3）测量空间受框架影响。

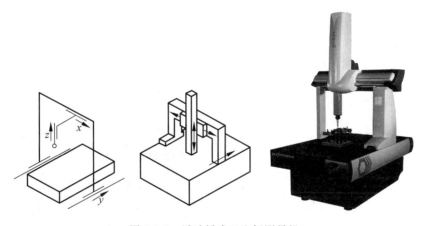

图 3-1-7　活动桥式三坐标测量机

2. 固定桥式（见图 3-1-8）

固定桥式，主轴在垂直方向移动，厢形架引导主轴沿着垂直轴的水平横梁做水平方向移动。桥架（支柱）被固定在机器本体上，测量台沿着水平面的导轨作轴向的移动，且垂直于轴。每个轴皆由马达来驱动，可确保位置精度，此机型不适合手动操作。

优点：

（1）结构稳定，整机刚性强，中央驱动，偏摆小。

（2）光栅在工作台的中央，阿贝误差小。

（3）X、Y方向运动相互独立，相互影响小。

缺点：

（1）被测对象由于放置在移动工作台上，降低了机台的移动速度，承载能力较小。

（2）基座长度大于2倍的量程，所以占据空间较大。

（3）操作空间不如移动桥式开阔。

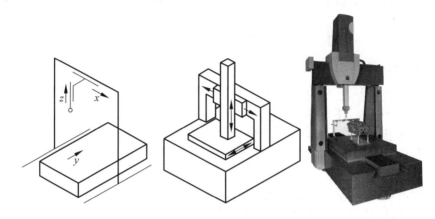

图 3-1-8　固定桥式三坐标测量机

3. 高架桥式（龙门式）（见图 3-1-9）

一般为大中型机，要求较好地基，立柱影响开阔性，刚性比水平臂好，在大尺寸机型中有较好精度。

优点：

（1）结构稳定，刚性好，测量范围较大。

（2）装卸工件时，龙门可移到一端，操作方便，承载能力强。

缺点：

因驱动和光栅尺集中在一侧，造成的阿贝误差较大。

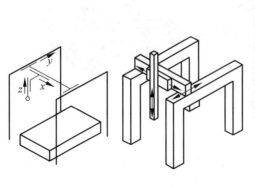 

图 3-1-9　高架桥式三坐标测量机

4．水平臂式（见图 3-1-10）

水平臂测量机在 X 方向很长，Z 向较高，整机开敞性较好，是测量汽车各部分组成、白车身最常用的测量机。

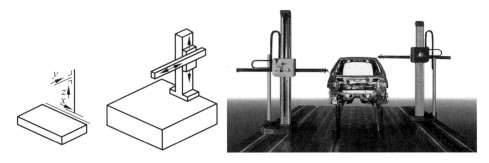

图 3-1-10　水平臂式三坐标测量机

5．关节臂式（见图 3-1-11）

机器人的出现给坐标测量以新的启发，人们认识到坐标测量可以用矢量的方式来定义计算和实现。

图 3-1-11　关节臂式三坐标测量机

多自由度的关节臂测量机以轻便、灵活、低价使它在一定领域内得到欢迎。

六、三坐标测量机的使用环境

三坐标测量机为计量仪器高端产品，精度高，对客观环境的要求相对就高了很多，不光是远离振动源，考虑空间环境、地平等问题，还要考虑以下几个因素。

（1）温度 $20\pm2℃$，湿度小于 60%。安装测量机最合适的地方是温度、湿度和振动等都可以被稳定控制的房间，一般不适于有阳光的直射方向，最好朝向为北向或没有窗户，因为阳光对于室内的温度有影响，不利于温度的控制。

（2）振动 $10\sim50\,\mathrm{Hz}$。机房不要建在有强振源、高噪声区域，如：附近有冲床，压力机，锻造设备,打桩机等。

(3)磁场、电场。不要建在强电场、强磁场附近,如电源断电设备、变压器、电火花加工机床、变频电炉、电弧焊及滚焊机等;以及高粉尘区、腐蚀性气体源附近。对于有害气体车间,必须布置于有害气体车间的上风。

(4)空间。安装地点必须有适当的空间,这样便于机器就位操作和机器正常工作状态下的各种操作,也有利于室内温度控制。测量机的摆放位置要便于上下零件和方便维修操作且美观和谐。例如:测量机主机和控制系统之间的最小距离是 600mm,尤其应保证测量机和机房的天花板之间预留 100mm(或 200mm)左右的最小空间。

(5)供电电源　功率:3kW,电压:220(1+10%)V,频率:50Hz。保持电源稳定,不稳定的电源会对 CMM 的性能以及测量值产生不良影响,推荐使用自动稳压电源控制器。

(6)压缩空气:供气压力:0.6~1.0Mpa,耗气量:0.2 立方米/min。由于测量机使用精密的空气轴承,使用真空吸尘器和水清洗空气过滤器,将压缩空气中含有的水分、油分和粉尘等杂志滤除。防止压缩空气中过多的油、水、杂质使测量机产生故障。

此外测量机房间必须保持清洁,没有腐蚀性灰尘和脱落的漆层等。门窗的设计应考虑到机房的保温要求、设备、零件进出的需要。窗户要采用双窗并配置窗帘,机房最好设置过渡间,尽量避免布置在有两面相邻外墙的转角处和在附近有强热源的地方。

总之,高精度的计量设备,一定要考虑到以上几个因素,才能保证精度的稳定性。

七、三坐标测量机的发展趋势

三坐标测量机的发展主要体现在以下几个方面:①测量精度更高;②提高测量效率;③发展探测技术,完善测量机配置;④采用新材料,运用新技术;⑤发展软件技术,发展智能测量机;⑥控制系统更开放,进入制造系统,成为制造系统的组成部分;⑦ 发展非正交坐标测量系统;⑧ 加强环境问题的研究,降低环境要求;⑨完善的售后服务体系。

八、BQC654R 三坐标测量机简介

1. 三坐标测量机的结构特性

本书中采用杭州博洋公司生产的 BQC654 复合式三坐标测量机(见图 3-1-12)。该仪器将激光扫描、接触式探针测量、CCD 影像测量集成在一台设备上,可对工件进行扫描采点、获取点云数据进行产品反求设计;同时可对各种工件进行几何元素、形位公差及复杂曲面的高精度测量,获取测量数据进行产品质量检测;以及可对电子线路板、钣金零件和不便接触测量的柔性工件、标准样图等进行高精度影像测量。

该仪器结构特性如下:

(1)采用国际先进的有限元分析技术设计的精密横梁机械结构,全封闭框架移动桥式,结构简单、紧凑、运动质量轻、承载能力强、刚性好。

(2)工作台与三轴结构均采用优质花岗岩(变形系数小),环抱式导轨设计,硬度高,承载能力强,温度稳定,热变形系数小,抗时效变形能力强,具有优良的稳定性,精度持久保持。

(3)三轴采用直流伺服,光栅计量系统,实现全封闭控制,设备响应速度快,定位精

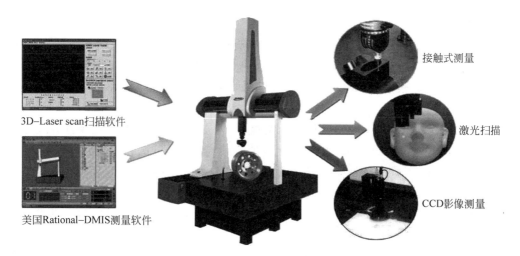

3D-Laser scan扫描软件

美国Rational-DMIS测量软件

接触式测量

激光扫描

CCD影像测量

图 3-1-12　BQC654 复合式三坐标测量机

度高。

（4）采用自洁式预载荷高精度空气轴承(气浮装置)，运动更平稳。

（5）采用高精度接触式测头及激光测头，性能可靠稳定，灵敏度高，重复性好，抗干扰能力强。

（6）采用高速高精度全数字自动控制系统和高精密光栅反馈系统(光栅尺及光栅读数头)，配合伺服电机实现全闭环反馈控制。

（7）Z 轴采用气缸平衡装置，具有自动安全保护，可防止缺气时 Z 轴下滑，极大地提高了 Z 轴的定位精度及稳定性。

2. 三坐标测量机的主要技术参数

测量行程范围(mm)：$\geqslant 500(X) \times 600(Y) \times 400(Z)$

机械结构：活动桥式，三轴均为石材，环抱式石材导轨，X 轴为斜梁。

工作台最大承重：$\geqslant 500 \mathrm{kg}$。

驱动系统：三轴直流伺服电机、高精度光栅反馈系统、自洁式预载荷高精度空气轴承、高效控制系统、数据采集卡。

扫描方式：接触式扫描＋激光点扫描，自动＋手动。

测量方式：自动＋手动操作。

测头系统：接触式探针自动测量系统＋激光点扫描系统＋CCD 影像测量系统＋可装换的测座。

精度误差：测量示值误差$\leqslant 0.0022 + L/300 \mathrm{mm}$　L 单位为 mm。

　　　　　测量空间探测误差$\leqslant 0.0022 \mathrm{mm}$。

　　　　　激光扫描精度$\leqslant \pm 0.05 \mathrm{mm}$。

　　　　　CCD 测量误差$\leqslant 0.005 \mathrm{mm}$。

3. 功能介绍

该仪器可在使用同一硬件本体的情况下，通过更换"测头"实现多种功能的复合。

1. 测头简介

探测系统是由测头及其附件组成的系统,测头是测量机探测时发送信号的装置,它可以输出开关信号,也可以输出与探针偏转角度成正比的比例信号。它是坐标测量机的关键部件,测头精度的高低很大程度上决定了测量机的测量重复性及精度;不同零件需要选择不同功能的测头进行测量。

(1)触发测头(见图 3-1-13),又称为开关测头,测头的主要任务是探测零件并发出锁存信号,实时的锁存被测表面坐标点的三维坐标值。其测量原理如图 3-1-6 所示。

(2)扫描测头(见图 3-1-14),又称为比例测头或模拟测头,此类测头有的不仅能作触发测头使用,更重要的是能输出与探针的偏转成比例的信号(模拟电压或数字信号),由计算机同时读入探针偏转及测量机的三维坐标信号(作触发测头时则锁存探测点的三维坐标值),以保证实时地得到被探测点的三维坐标。

由于取点时没有机械的往复运动,因此采点率大大提高,扫描测头用于离散点测量时,由于探针的三维运动可以确定该点所在表面的法矢方向,因此更适于曲面的测量。

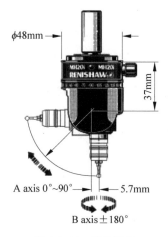

图 3-1-13　触发测头

图 3-1-14　扫描测头

(3)RTP20 测座(见图 3-1-15)。RTP20 测座隶属 Renishaw 系列测座之一,是机动双旋转测座,可对接 TP20 测力模块。测座分 A、B 两个旋转角度,A 角以 15°分度从 0°旋转到 90°,B 角以 15°分度从-180°旋转到 180°。

2. 测量功能简介

(1)高精度接触式坐标测量功能。如图 3-1-16 所示,采用 Renishaw 探针测头实现对现代生产制造的各种机械零件、模型及其制品的几何元素、形位公差及复杂曲线、曲面的高精度测量并输出检测报告,进行产品的质量检测工作。

(2)逆向工程激光扫描功能。如图 3-1-17 所示,采用点激光测头或线激光测头对工件进行快速扫描采点

图 3-1-15　RTP20 测座

图 3-1-16　接触式测量

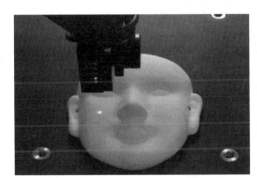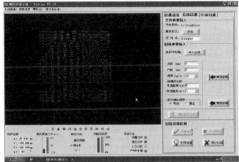

图 3-1-17　激光扫描功能

工作,以获取完整的点云数据进行产品的数字化反求设计,对大多数具有缓变曲面的工件十分高效。

任务实施

1. 图 3-1-1 所示三坐标测量机各组成部件的名称如下所列。

(测量机主机)　　　　(测头系统)　　　　　　(计算机系统)　　　　(控制系统)

2. 三坐标测量机的工作原理:三坐标测量机是由 3 个相互垂直的运动轴 X、Y、Z 建立起一个直角坐标系,测头的一切运动都在这个坐标系中进行,测头的运动轨迹由测球中心点来表示。测量时,把被测零件放在工作台上,测头与零件表面接触,三坐标测量机的检测系统可以随时给出测球中心点在坐标系中的精确位置。当测球沿着工件的几何型面移动时,就可以得出被测几何型面上各点的坐标值。将这些数据送入计算机,通过相应的软件进行处理,就可以精确地计算出被测工件的几何尺寸、形状和位置公差等。

3. 三坐标测量机的分类:＿＿＿活动桥式＿＿＿、＿＿＿固定桥式＿＿＿、＿＿＿高架桥式(龙门式)＿＿＿、＿＿＿水平臂式＿＿＿、＿＿＿关节臂式＿＿＿。其中 BQC654R 属于＿＿＿活动桥式＿＿＿三坐标测量机。

4. 气浮轴承导轨的工作原理及特性:气浮轴承导轨指的是用气体(通常是空气,但也有可能是其他气体)作为润滑剂的滑动轴承。空气比油黏滞性小,耐高温,无污染,具有许多优点:①更高精度;②高速;③增加导轨寿命;④提高表面光度;⑤延长轴承寿命;⑥减小导轨摩擦;⑦降低震动;⑧清洁等。

┌ 任务评价 ┐

通过查阅资料与学习,完成任务内容所布置的任务,根据操作评价表中的内容进行自我评价和同学互评。

序号	评价内容	😊	😐	😟
1	三坐标测量机的组成及各部分功用			
2	三坐标测量机的工作原理			
3	三坐标测量机的分类			
4	BQC654R 三坐标测量机特性参数			

┌ 归纳梳理 ┐

- 本任务中学习了三坐标测量机的组成、工作原理及分类;
- 重点理解触发式测头、气浮轴承导轨的工作原理;
- 了解 BQC654R 三坐标测量机的特性参数。

巩固练习

观察三坐标测量机的操作,结合老师的讲解与示范指导,进一步理解三坐标测量机的组成、工作原理等相关内容。

任务 3.2 三坐标测量机的操作流程

┌ 任务目标 ┐

- 掌握三坐标测量机的操作流程;
- 掌握三坐标测量机的基本操作;
- 能利用三坐标测量机测量简单工件。

┌ 任务内容 ┐

用 BQC654R 三坐标测量机测量图 3-2-1 所示工件并输出测量报告。

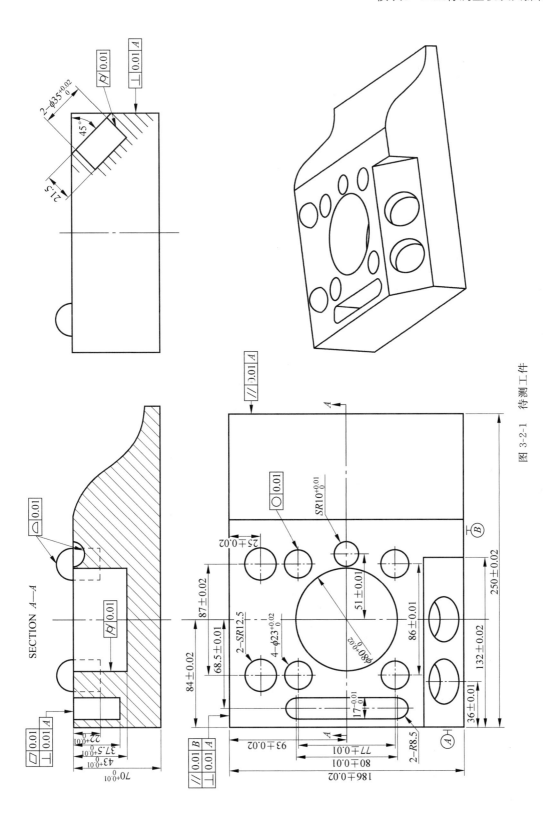

图 3-2-1 待测工件

任务分析

三坐标测量机可以实现工件的高精度全尺寸检测。对于图 3-2-1 所示工件,需要根据被测工件的尺寸选取合适的测针。待测的元素有面、圆、圆柱、球体、键槽等,根据实际需要测量相应要素,并进行公差评价与输出报告。

相关知识

一、三坐标测量机的操作

1. 三坐标测量机操作流程

图 3-2-2 所示为三坐标测量机操作流程图。在测量之前,对工件的分析非常重要。需根据待测工件的测量要求,确定工件的放置方位、装夹方式,选取合适的测针及测头角度,确定建立工件坐标系的要素。这些准备工作保证了后续测量工作的正常进行。

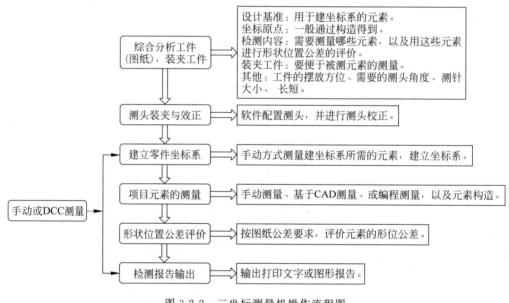

图 3-2-2　三坐标测量机操作流程图

2. 确定测量方案

(1) 根据工件图样的设计基准确定测量基准。

(2) 确定检测几何尺寸的项目和方式:

----直接检测尺寸。

----通过间接测量构造尺寸。

----通过几何元素之间的关系计算获得尺寸。

(3) 确定各几何元素所需要输出的参数项目。

二、矢量

矢量可以被看做一个单位长的直线,并指向矢量方向。相对于三个轴的方向矢量,I 方向在 X 轴,J 方向在 Y 轴,K 方向在 Z 轴。矢量 I、J、K 值介于 1 和 -1 之间,分别表示与 X、Y、Z 夹角的余弦。

矢量用一条末端带箭头的直线表示,箭头表示了它的方向。X、Y、Z 表示三坐标测量机的坐标位置,矢量 I、J、K 表示了三坐标测量机三轴正确的测量方向。在三坐标测量中矢量精确指明测头垂直触测被测特征的方向,即测头触测后的回退方向。如图 3-2-3 所示 45 度直线的矢量为:$I=0.707$,$J=0.707$,$K=0$。

三坐标测量时,测头需垂直碰触被测特征,不正确的矢量测量将产生余弦误差,如图 3-2-4 所示。

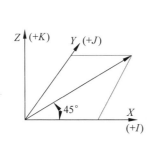

图 3-2-3 矢量方向

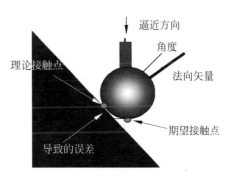

图 3-2-4 余弦误差

三、基本几何元素

三坐标测量机可测量点、线、面、圆、圆柱、球体、圆锥、键槽等基本几何元素。测量时遵循"手动采点——理论规整——自动测量"这一原则。"理论规整"时需根据图样尺寸标注对被测要素的理论值进行设置。下面就分别介绍被测要素理论设置时各参数的含义。

1. 点

最小点数:1;位置:XYZ 位置;矢量:触测后回退方向。如图 3-2-5 所示点的坐标为 $X=5$,$Y=5$,$Z=5$。

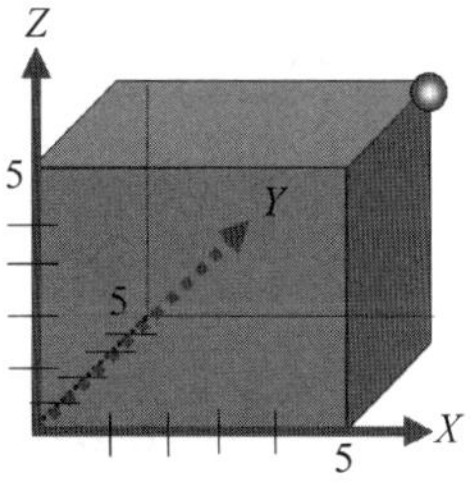

2. 直线

最小点数:2;位置:重心;矢量:第一点到最后一点。如图 3-2-6 所示直线的坐标值为 $X=2.5$,$Y=0$,$Z=5$。矢量方向为 $I=-1$,$J=0$,$K=0$。

3. 平面

图 3-2-5 点

最小点数:3;位置:重心;矢量:垂直于平面。如图 3-2-7 所示平面的重心坐标为 $X=1.67$,$Y=2.50$,$Z=3.33$。矢量方向为 $I=0.707$,$J=0.000$,$K=0.707$。

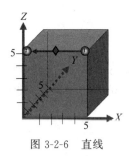

图 3-2-6　直线

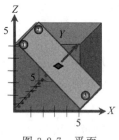

图 3-2-7　平面

4. 圆

最小点数：3；位置：圆心；矢量：相应的截平面矢量。圆的矢量只是为了测量，不单独描述元素的几何特征。如图 3-2-8 所示圆的圆心坐标为 $X=2,Y=2,Z=0$。矢量方向为 $I=0,J=0,K=1$。直径 $D=4$，半径 $R=2$。

5. 圆柱

最小点数：5；位置：重心；矢量：从第一层到最后一层。如图 3-2-9 所示圆柱的重心坐标为 $X=2.0,Y=2.0,Z=2.5$。矢量方向为 $I=0,J=0,K=1$。直径 $D=4$，半径 $R=2$。

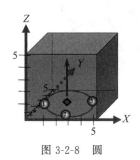

图 3-2-8　圆

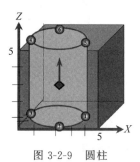

图 3-2-9　圆柱

6. 球

最小点数：4；位置：中心；矢量：球的矢量只是为了测量，并不描述元素的几何特征。如图 3-2-10 所示球的球心坐标为 $X=2.5,Y=2.5,Z=2.5$。矢量方向为 $I=0,J=0,K=1$。直径 $D=5.0$，半径 $R=2.5$。

7. 圆锥

最小点数：6；位置：顶点；矢量：从小圆到大圆。如图 3-2-11 所示圆锥的顶点坐标为 $X=2.0,Y=2.0,Z=5.0$。矢量方向为 $I=0,J=0,K=-1$。锥角 $A=43\text{deg}$。

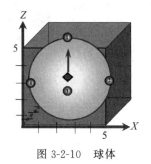

图 3-2-10　球体

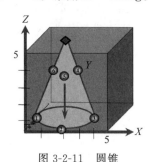

图 3-2-11　圆锥

任务实施

1. 开机准备

STEP1 开启气源。依次开启空压机、冷干机,检查机床使用气压是否在 0.4～0.5MPa 范围之内。如果不在此范围内则可通过气源调节阀调节,如图 3-2-12 所示。

STEP2 开启控制系统电源(见图 3-2-13)及计算机电源。

图 3-2-12 开启气源

图 3-2-13 开启控制系统电源

STEP3 启动测量软件,双击桌面 RationalDMIS 图标,出现软件初始界面;机器初始化,完成系统与软件的通信,并且进行坐标初始化操作,如图 3-2-14 所示。

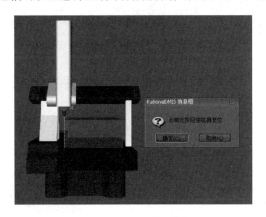

图 3-2-14 机器初始化

2. 校验测头

STEP 1 构建测头。在"测头"模块下选取"构建测头"指令,在右侧列表依次选取测座"RTP20",测头"TP20-LSMEF",测针"PS16R",如图 3-2-15 所示。

一般情况下,测座和测头是固定不变的,测针可根据实际工件的尺寸需要选用,以小于工件上可测量的最小尺寸为宜。此处选用的测针(PS16R)长度为 20mm,直径为 ϕ3mm。

STEP 2 创建新探头角。在"测头"模块下选取"创建新探头角"指令,根据被测工件选取需要的测头角度,单击"定义"完成新测头角度的添加,如图 3-2-16 所示。此处根据工件

图 3-2-15　构建测头

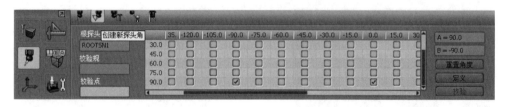

图 3-2-16　创建新探头角

实际需要创建了 5 个测头角度。分别是：A0B0，A90B-90，A90B0，A90B90，A90B180。

STEP 3　校验规定义。在"测头"模块下选取"校准测头"指令，进入"校验规定义"界面进行参数设置。按图 3-2-17 所示设置球形校验规。其中 X,Y,Z 值代表校验规球心在三坐标测量机机器坐标系下的坐标值。

图 3-2-17　校验规定义

此处所输入的数据只是将校验规的大致位置固定下来，不能代表校验规的确切位置。这就需要通过手动测量的方式"告诉"三坐标测量机校验规的具体位置。在图 3-2-18 所示"探头校验"界面勾选"更新校验规"选项，通过手动采点的方式在校验规上采 5 个点（见图 3-2-19），即可将校验规的实际位置在软件中更新，如图 3-2-20 所示。

图 3-2-18　探头校验

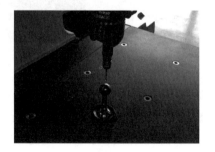

图 3-2-19　校验规手动采点

STEP4　校验测头。选中所有测头角度，摁住鼠标左键拖动至球形规 SP1 下，当左侧出现蓝色箭头即松开鼠标左键（见图 3-2-21），根据软件提示对每个测头角度进行校验。由于

图 3-2-20 校验规实际位置

RTP20 是半自动测座,在校验不同测头角度之前需要手动更换测头角度,如图 3-2-22 所示。

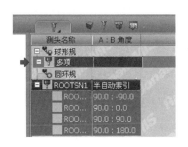

图 3-2-21 校验测头

图 3-2-22 手动更换测头角度

3. 建立工件坐标系

STEP 1 "测量"模块下选择"面"元素,在工件上表面手动测量一个平面,如图 3-2-23 所示。

图 3-2-23 "面"元素的测量

STEP 2 "测量"模块下选择"线"元素,在工件侧面测量一条直线。

STEP 3 "测量"模块下选择"点"元素,在工件左侧面测量一个点。如图 3-2-24 所示,测量第 1、2、3 点生成"平面",测量第 4、5 点生成"直线",测量第 6 点生成"点"。

STEP 4 在"坐标系"模块下,选择"生成坐标系",拖放实际面-线-点元素构建零件坐标系并单击"添加/激活坐标系",如图 3-2-25 所示。

4. 元素的测量

STEP 1 圆的测量。"测量"模块下选择"圆"元素,以直径 $\phi80\text{mm}$ 的圆为例,在圆内手动采集≥3 个点生成 CIR1。双击 CIR1 的理论值,将 CIR1 的圆心坐标、矢量方向、直径根据

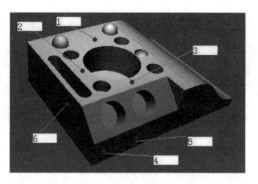

图 3-2-24 构建坐标系测量要素

图 3-2-25 构建坐标系

图样所标注的尺寸进行规整,并更新(见图 3-2-26)。鼠标右击 CIR1,在弹出的快捷菜单中选择"产生测量点"(见图 3-2-27)。在图 3-2-28 所示界面中根据实际情况对起始点坐标,顺时针方向,角度,点数目进行修改,修改完成后单击"产生测量点",可在图形浏览区看到自动测量路径,预览确认测量路径没有问题,即可自动测量被测要素。

图 3-2-26 CIR1 理论规整　　图 3-2-27 CIR1 产生测量点　　图 3-2-28 CIR1 产生测量点

STEP 2 圆柱的测量。"测量"模块下选择"圆柱"元素,以直径 ϕ80mm 的圆柱为例,在圆柱内手动采集≥5 个点生成 CYL1。双击 CYL1 的理论值,将 CYL1 的重心坐标、矢量方向、直径、高度根据图样所标注的尺寸进行规整,并更新(见图 3-2-29)。鼠标右击 CYL1,在弹出的快捷菜单中选择"产生测量点"(见图 3-2-30)。在图 3-2-31 所示界面中根据实际情况对起始点坐标,顺时针方向,角度,每路径点数、路径数进行修改,修改完成后单击"产生测量点",可在图形浏览区看到自动测量路径,预览确认测量路径没有问题,即可自动测量被测要素。

图 3-2-29 CYL1 理论规整   图 3-2-30 CYL1 产生测量点   图 3-2-31 CYL1 产生测量点

STEP 3 键槽的测量。"测量"模块下选择"键槽"元素,在键槽内手动采集 5 个或 6 个点生成 SLT1。双击 SLT1 的理论值,将 SLT1 的重心坐标、矢量方向、长度、宽度根据图纸所标注的尺寸进行规整,并更新。将更新后的 SLT1 理论值拖动至"测点管理"界面,单击"生成测量点",可在图形浏览区看到自动测量路径,预览确认测量路径没有问题,即可自动测量被测要素,如图 3-2-32 所示。

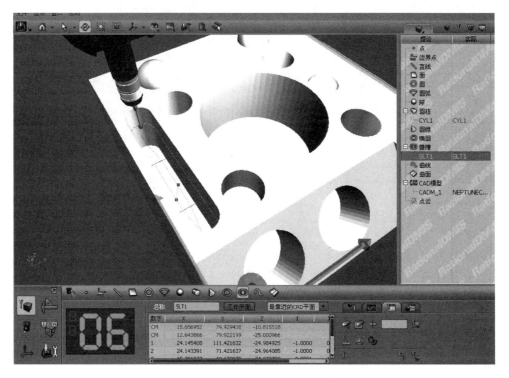

图 3-2-32 SLT1 自动测量

STEP 4 以同样的方法测量工件上其他面、圆、球体等要素。测量注意遵循"手动采点——理论规整——自动测量"这一原则。

5. 元素的构造

对于工件上没有办法直接测量而在评价公差时需要用到的元素,可以利用构造功能实现。也就是先测量出与需要构造元素相关的元素,再利用这些相关元素来构造出需要的元素。

STEP 1 构造"投影"元素。如图 3-2-33 所示通过将圆 CIR1"投影"到平面 PLN1 的方式构造圆 PROJCI1。具体步骤如下:"构造"模块下选择"投影"功能,将圆 CIR1 的实际要素拖放至投影元素,平面 PLN1 的实际要素拖放至投影面后,可在左侧得到两个结果:由圆 CIR1 投影得到的圆 PROJCI1,由圆 CIR1 的圆心投影得到的点 PROJPT1。选择圆 PROJCI1,预览没有问题即可"添加结果"。

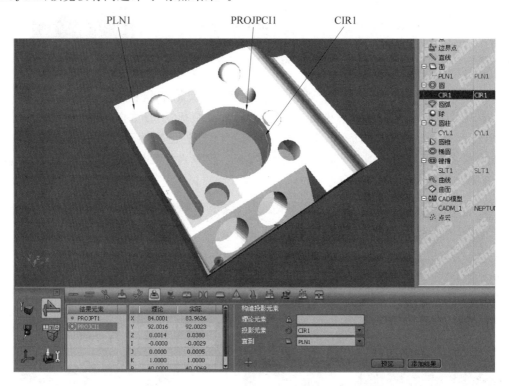

图 3-2-33 圆 PROJCI1 的构造

STEP 2 利用"构造"模块中的各种指令可以用多种方式构造元素,如用两相交平面构造棱线,多点拟合构造一个平面等。此处需注意要根据图样的要求构造所需元素。

6. 公差评价

当测量、构造完成所需元素后,就要根据图样要求进行尺寸公差和形位公差的评价。公差评价主要在"公差"模块的各指令中完成,如图 3-2-34 所示。可评价两元素之间的距离、夹角,键槽的长度、宽度,圆(圆柱)的直径、半径,圆锥的锥角,直线度、平面度、圆度、圆柱度、同轴度、平行度、垂直度等各种形位公差。

STEP 1 圆的直径。评价 ϕ80mm 圆 CIR1 的直径。如图 3-2-35 所示,"公差"模块下选取"直径"指令,CIR1 的实际要素拖入"元素名",根据图样标注输入上、下公差值,该圆的实际直径值就会出现在"实际"中,是否超差也会在"偏差"中显示。单击"接受"或"定义公差"生成尺寸公差。

图 3-2-34 "公差"模块下各指令

图 3-2-35 评价圆的直径

STEP 2 两元素之间的距离。评价 ϕ80mm 圆 CIR1 到左侧面 PLN2 的距离。如图 3-2-36 所示,"公差"模块下选取"直径"指令,将 CIR1 和 PLN2 的实际要素拖放至"元素名",不勾选"使用计算的理论距离",根据图样要求输入理论距离、上下公差,距离方式选用"X 轴",就可在长度公差下看到两元素之间的实际距离以及是否超差。如果不超差,则显示"In Tol";超差,则显示实际超差数值。单击"接受"或"定义公差"生成尺寸公差。

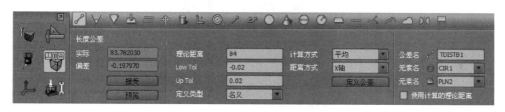

图 3-2-36 评价两元素之间的距离

STEP 3 圆柱度的评价。评价 ϕ80mm 圆柱 CYL1 的圆柱度。如图 3-2-37 所示,"公差"模块下选取"圆柱度"指令,将 CYL1 的实际要素拖放至"元素名",根据图样要求输入公差带值,就可在圆柱度公差下看到 CYL1 的实际圆柱度及是否超差。如果不超差,则显示"In Tol";超差,则显示实际超差数值。单击"接受"或"定义公差"生成形状公差。

图 3-2-37 评价圆柱度

STEP 4 垂直度的评价。评价平面 PLN1 相对于基准平面 PLN2 的垂直度。如图 3-2-38 所示,"公差"模块下选取"垂直度"指令,将 PLN1 的实际要素拖放至"元素名",将 PLN2 的实际要素拖放至"数据 1",如果还有基准,就将其拖放至数据 2。根据图样要求输入公差带值 0.01，就可在垂直度公差下看到平面 PLN1 相对于基准平面 PLN2 的垂直度及是否超差。如果不超差，则显示"In Tol"；超差，则显示实际超差数值。单击"接受"或"定义公差"生成位置公差。

图 3-2-38　评价垂直度

以上只是对部分尺寸及形位公差进行了评价，其余尺寸及形位公差需根据图样要求评价完整。

7. 输出报告

根据图样要求评价所有的尺寸及形位公差后，就可输出测量报告。

STEP 1　生成文字报告。从"图形浏览"界面切换到"输出"界面（见图 3-2-39），将生成的尺寸及形位公差逐项拖放至输出界面，如图 3-2-40 所示。测量结果是否超差可在"趋势"一项很明显地看出来。不超差，则显示绿色；超差，则用红色字体显示实际超差数值。

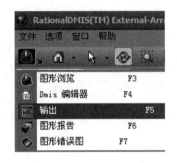

图 3-2-39　切换到"输出"界面

检查报告

公司：　苏州市高级技术学校-EDU260
操作员：
日期和时间：　2014年2月18日 下午 03:07:27

	理论	实际	误差	下公差	上公差	趋势
TDIAM1 计算元素 = CIR1						MM/ANGDEC
	80.0000	80.0109	0.0109	0.0000	0.0200	
TDISTB1 计算元素 = CIR1 + PLN2						MM/ANGDEC
	84.0000	83.7820	-0.2180	-0.0200	0.0200	-0.1980
TCYLCTY1 计算元素 = CYL1						MM/ANGDEC
	0.0000	0.0410	0.0410	0.0100		0.0310
TPERP1 计算元素 = PLN1[Bonus=0.0000]						MM/ANGDEC
	0.0000	0.0133	0.0133	0.0100		0.0033

图 3-2-40　拖放尺寸及形位公差

STEP 2　生成图形报告。在有些情况下，图形报告可与文字报告结合使用让检测报告更加清楚。切换到"图形报告"界面，隐藏机器模型及测头测座模型，将工件摆放成自己需要的方位及大小。单击"新订图形报告" 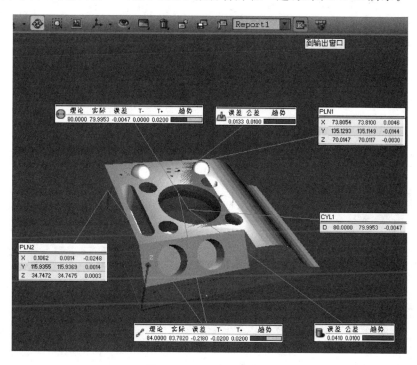，将需要在图形报告中显示的元素标注、尺寸及形位公差标注拖放至图形报告区域，可自动或手动调整标注的排列。完成后，单击"保存图形报告" ，并单击"到输出窗口"将其与文字报告合并在一起，如图 3-2-41 所示。

图 3-2-41　生成图形报告

STEP 3　输出检测报告。图 3-2-42 所示为结合文字和图形的检测报告，可根据实际需要将其保存为 PDF 格式或 HTML 格式输出，也可直接打印纸质检测报告。

任务评价

完成图 3-2-1 所示工件的测量，生成检测报告并输出。根据操作评价表中的内容进行自我评价和同学互评。

序号	评价内容	😊	😐	🙁
1	掌握开机的顺序及方法			
2	能根据工件创建不同测头角度并校验			
3	能根据图样建立合适的工件坐标系			
4	可根据图样测量、构造元素			
5	依据图样标注评价尺寸及形位公差			
6	根据图样要求输出正确的检测报告			

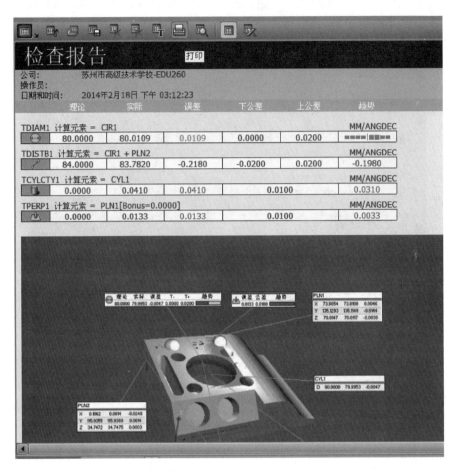

图 3-2-42　输出检测报告

归纳梳理

- 本任务中学习了 BQC654R 三坐标测量机的操作；
- 掌握测头校验的方法；
- 重点理解并掌握工件坐标系的建立；
- 掌握各种元素的测量、构造；
- 能根据图样要求评价公差并输出检测报告；
- 通过这个任务的学习，系统掌握三坐标测量机的检测流程。能利用 BQC654R 三坐标测量机测量简单的工件。

巩固练习

利用 BQC654R 三坐标测量机测量图 3-2-43 所示零件，并生成测量报告。

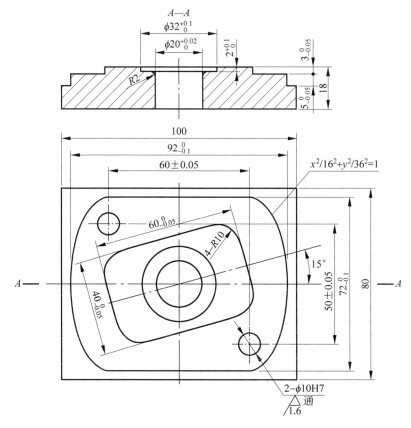

图 3-2-43　巩固练习零件

任务 3.3　轴类零件的测量

任务目标

- 掌握轴类零件工件坐标系建立的方法；
- 掌握轴类零件尺寸检测的方法。

任务内容

图 3-3-1 所示为典型的轴类零件模型。假设所有尺寸的公差都是±0.01mm,利用三坐标测量机检测工件并生成测量报告。

任务分析

轴类零件是较常见的一类零件,利用三坐标测量机测量轴类零件时,在工件的定位、工件坐标系的建立、尺寸的检测等方面都有其特殊性。

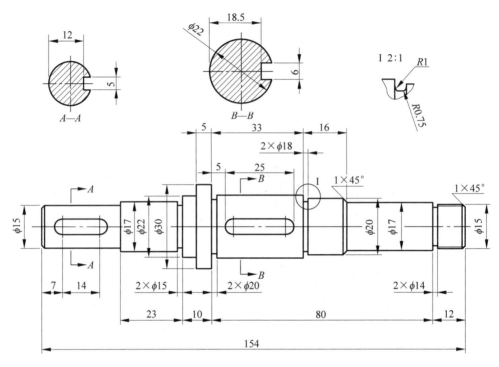

图 3-3-1　轴类零件

相 关 知 识

1. 工件坐标系的建立

利用三坐标测量机测量工件时,建立合理的工件坐标系可以使测量过程事半功倍。图 3-3-2 所示为测量软件 Rational DMIS 中提供的多种建立工件坐标系的方法。其中用"生成坐标系"的方法建立坐标系最为常用。这种方法建立坐标系的主要思路是:利用已测量(一般是手动测量)的矢量方向确定坐标系任意两个坐标轴的方向,第三个坐标轴的方向也随之确定下来(右手法则);利用已测量或构造的点确定原点。

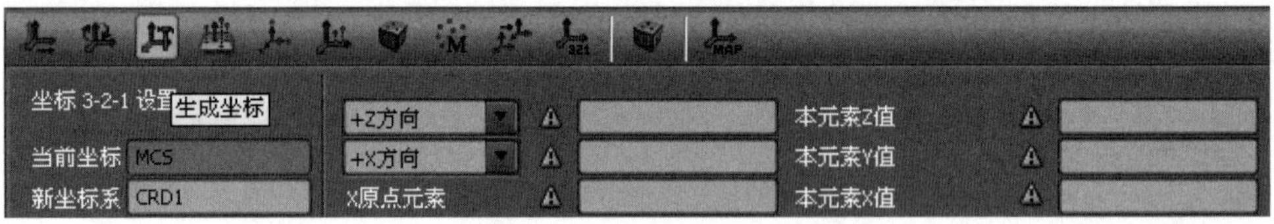

图 3-3-2　建立工件坐标系的各种指令

2. 工件的摆放与测量

轴类零件尺寸较长,测量时横向摆放比较方便测量。一般选用 V 形块来放置轴类零件。

轴类零件主要由一段一段的圆柱组成,因此在不要求评价同轴度的情况下,可以只测量"圆"来得到每一段圆柱的直径。如果需要评价同轴度,则需要测量"圆柱"。由于工件是横向摆放,测量"圆"或"圆柱"时,测头角度选用 A0B0,只需测半个圆或圆柱即可。

任务实施

1. 准备工作

STEP1 按图纸所示的方位将工件横向摆放,由于此工件有两个键槽,为了测量方便,将键槽的底面朝上放置,如图 3-3-3 所示。

图 3-3-3 轴类零件的摆放

STEP2 校验测头。对于本任务中的轴类零件,选用 $20×\phi1$ 的测针较合适。由于工件是横向摆放,因此只需用 A0B0 测量圆,A90B-90 和 A90B90 测量两端面即可。所以需校验三个测头角度。

2. 建立工件坐标系

STEP1 在工件上手动测量任意两个圆 CIR1、CIR2,利用"构造"模块的"拟合"指令,用这两个圆构造一条直线 BFLN1,如图 3-3-4 所示。

图 3-3-4 用两个圆构造一条直线

STEP2 手动测量左侧端面 PLN1,利用"构造"模块的"投影"指令,将圆 CIR1 投影到平面 PLN1 上,得到点 PROJPT1,如图 3-3-5 所示。

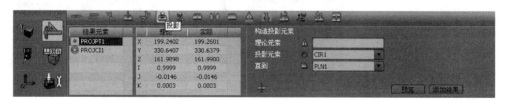

图 3-3-5 构造投影点

STEP3 手动测量任意一个键槽的底面 PLN2。

STEP4 利用"坐标系"模块的"生成坐标系"指令,建立工件坐标系。如图 3-3-6 所示,以 PLN2 的矢量确定 ＋Z 方向,以 BFLN2 的矢量确定 ＋X 方向,将坐标原点约束到点 PROJPT1。单击"添加/激活坐标系",得到轴的工件坐标系 CRD1,如图 3-3-7 所示。

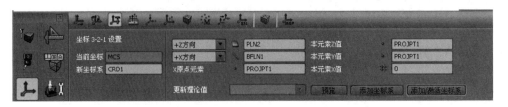

图 3-3-6　生成坐标系

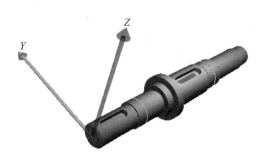

图 3-3-7　轴的工件坐标系 CRD1

3. 元素的测量

STEP1　圆的测量。以直径为 $\phi17$ 圆的测量为例。测头角度选取 A0B0，在圆上手动采 3 个点，生成圆 CIR3，根据图样对理论值（包括圆心坐标、矢量方向、直径）进行理论规整，如图 3-3-8 所示。更新后，右击 CIR3 理论值在弹出的快捷菜单中选择"产生测量点"。如图 3-3-9 所示，要对起始点、角度、是否是顺时针测量及测点数目进行设置。此处由于 A0B0 只能测到圆的上半部分，因此角度最多只能设为 $180°$，起始点选择特殊点，如圆与 X 轴相交的点，是否顺时针测量要根据起始点来确定。生成的测量路径如图 3-3-10 所示。

更新	理论	实际
名称	CIR3	
X	36	36.1797
Y	0	0.0804
Z	0	-0.0373
I	1.0000	1.0000
J	0.0000	0.0000
K	-0.0000	-0.0000
D	17	17.1436
类型	外	
坐...	CART	
探头	ROOTSN1	
坐...	CRD1	
实际	MEAS	
算法	最小平方差	
D&T	三月 18, 2014	
Prc...	开启	
PR	0.5065	
Form	0.001765	
⊞ PT	Nom	Act

索引	数据
⊟ 起始点	
Sx	36
Sy	-8.5
Sz	0
⊟ 中轴	
半径	8.5000
类型	OUTER
顺时针方向	是
角度	180
点数目	8

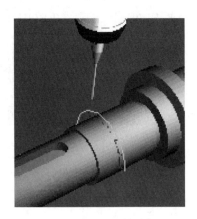

图 3-3-8　理论规整　　　　图 3-3-9　产生测量点　　　　图 3-3-10　圆 CIR3 的测量路径

以同样的方法,测量轴上其他圆。测量时可按从左到右的顺序依次测量,以方便公差评价及输出报告。

STEP2 平面的测量。用 A90B-90 和 A90B90 分别测量左右端面,A0B0 测量中间的一系列平面。测量平面的方法前面已经学习过。

4. 公差评价

用前面讲过的方法分别评价每个圆的直径及平面之间的距离。依图样所标注尺寸按顺序评价。

5. 输出报告

根据公差评价顺序,将其依次输出,必要时可插入图形公差。如图 3-3-11 所示为部分检测报告截图。

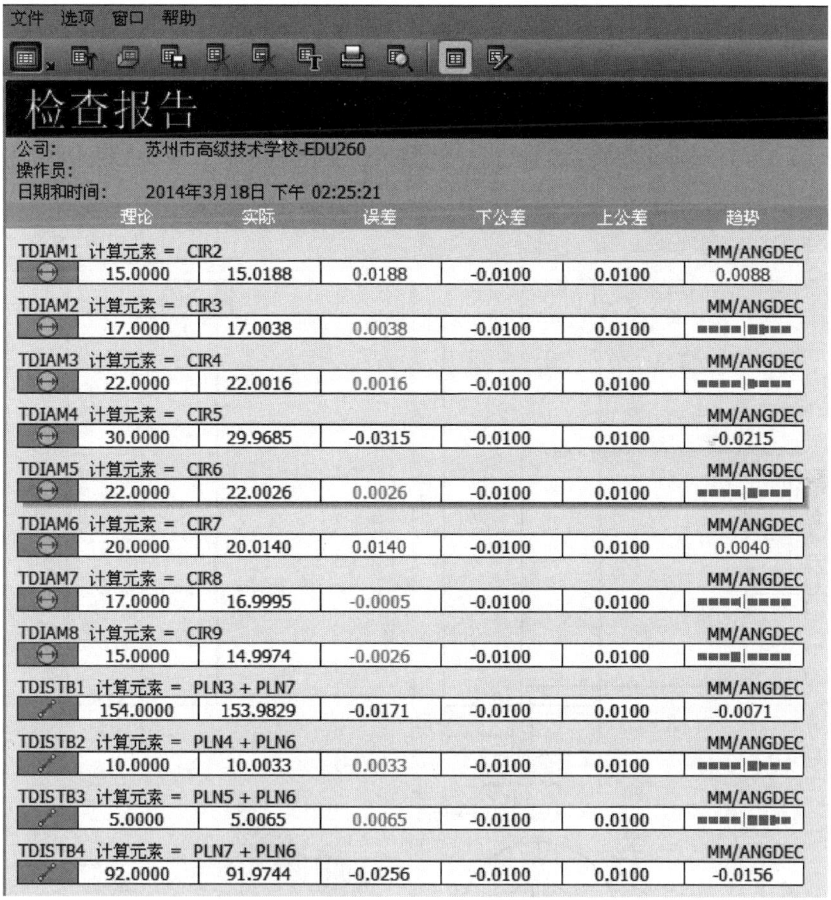

图 3-3-11 轴的检测报告

┌ 任务评价 ┐

完成图 3-3-1 所示轴类零件的测量,生成检测报告并输出。根据操作评价表中的内容进行自我评价和同学互评。

序号	评价内容	😊	😐	😞
1	掌握轴类零件工件坐标系建立的方法			
2	掌握轴类零件尺寸检测的方法			
3	依据图纸标注评价尺寸及形位公差			
4	根据图纸要求输出正确的检测报告			

归纳梳理

- 本任务中学习了利用三坐标测量机测量轴类零件的方法；
- 重点理解并掌握工件坐标系的建立；
- 掌握各种元素的测量、构造；
- 能根据图纸要求评价公差并输出检测报告；
- 通过这个任务的学习，掌握利用三坐标测量机测量回转体类零件的方法。

巩固练习

利用 BQC654R 三坐标测量机测量图 3-3-12 所示零件，并生成测量报告。假设所有尺寸公差为±0.01mm。

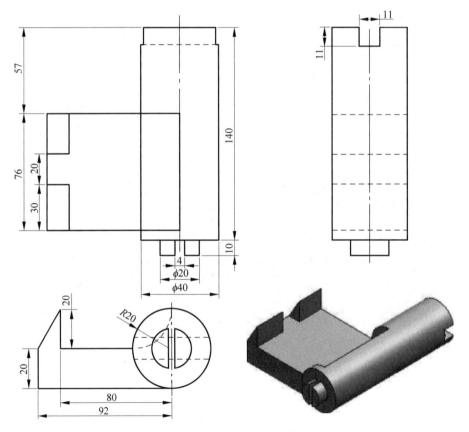

图 3-3-12 巩固练习零件

任务 3.4 箱体类零件的测量

任务目标

- 掌握箱体类零件工件坐标系建立的方法；
- 掌握箱体类零件尺寸检测的方法。

任务内容

图 3-4-1 所示为典型的箱体类零件模型。假设所有尺寸的公差都是±0.01mm，利用三坐标测量机检测工件并生成测量报告。

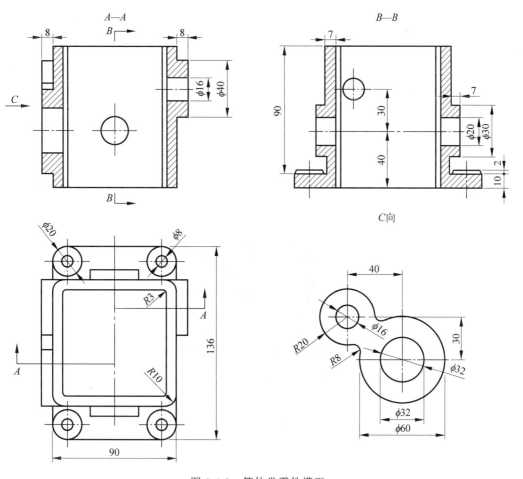

图 3-4-1 箱体类零件模型

任务分析

箱体类零件就整体而言为对称结构,只是在局部结构上有所不同。如图 3-4-1 所示箱体类零件模型,只是在左右凸台结构上有所不同,其他结构完全对称。利用三坐标测量机测量此类零件时,工件坐标系的建立、各种要素的测量具有一定的共性。

相关知识

1. 工件坐标系的建立

箱体类零件为对称结构,将工件坐标系建在对称中心处会使后续测量较为方便。对称中心一般无法直接测量,需要用到"构造"模块的相关指令,如"中分"、"相交"、"投影"等。然后利用测量、构造得到的相关要素用"生成坐标系"的方法建立工件坐标系。

2. 工件的摆放与测量

箱体类零件在装夹时一般按视图位置摆放,如图 3-4-1 所示工件,底面为加工面,应注意装夹时不要影响底面要素的测量。

工件测量时,应根据图样要求分析所需测头角度、测量顺序等关键点,测量过程中应尽量减少测头角度的更换。

任务实施

1. 准备工作

STEP1 按图样所示方位将工件摆放好,以方便元素的测量与尺寸评价,如图 3-4-2 所示。

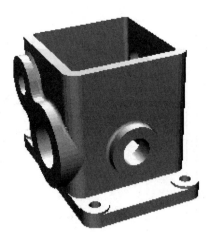

图 3-4-2 箱体类零件的摆放

STEP2 校验测头。对于本任务中的箱体类零件,选用 $20 \times \phi 2$ 的测针较合适。由于工件是比较方正的,而且上表面、四周四个面及底面都有要素需要测量,因此,需要校验 A0B0、A90B-90、A90B0、A90B90 和 A90B180 五个测头角度。

2. 建立工件坐标系

STEP1 构造底面。工件的底面是加工面,将它作为坐标系的 XY 平面较为合适。但由于测头角度的限制,无法直接测量底面。因此可以用 A90B-90、A90B0、A90B90 和 A90B180 四个测头角度分别在底面测量两个点,通过"构造"模块的"拟合"指令,用这 8 个点构造底面 BFPL1,如图 3-4-3 所示。"预览"没有问题,单击"添加结果"按钮即可得到底面 BFPL1。

图 3-4-3 构造底面

STEP2 构造中分线。在工件四周测量 4 条直线,利用"构造"模块的"中分"指令,用相对的两条直线分别构造中分线,如图 3-4-4 所示。

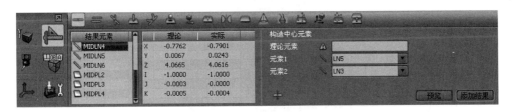

图 3-4-4 构造中分线

STEP3 构造投影线。在 STEP2 中构造的两条中分线可能是不相交的,因此需要将它们投影到同一个平面上以方便构造相交点。利用"构造"模块的"投影"指令分别将两条中分线投影到底面 BFPL1 上,构造同一平面上的中分线,如图 3-4-5 所示。

图 3-4-5 构造投影线

STEP4 构造相交点。利用"构造"模块的"相交"指令将 STEP3 中构造的两条投影线相交得到点 INTERPT1,如图 3-4-6 所示。

STEP5 生成坐标系。如图 3-4-7 所示,用底面 BFPL1 的矢量方向确定 $-Z$ 方向,用构造的一条投影线确定 $-X$ 方向,用构造的相交点确定坐标原点,生成工件坐标系,如图 3-4-8 所示。

图 3-4-6　构造相交点

图 3-4-7　生成坐标系

图 3-4-8　箱体类零件的工件坐标系

3. 元素的测量

本任务中箱体类零件的元素基本上为圆、圆柱、平面和直线。工件坐标系建立好后,根据图样尺寸要求,依照前面任务中讲解的方法依次测量即可。无法直接测量的元素,可通过测量相关元素去构造。

4. 公差评价

用前面任务中讲解的方法分别评价每个元素的尺寸,依图样所标注尺寸按顺序评价。

5. 输出报告

根据公差评价顺序,将其依次输出,必要时可插入图形公差。如图 3-4-9 所示为部分检测报告截图。

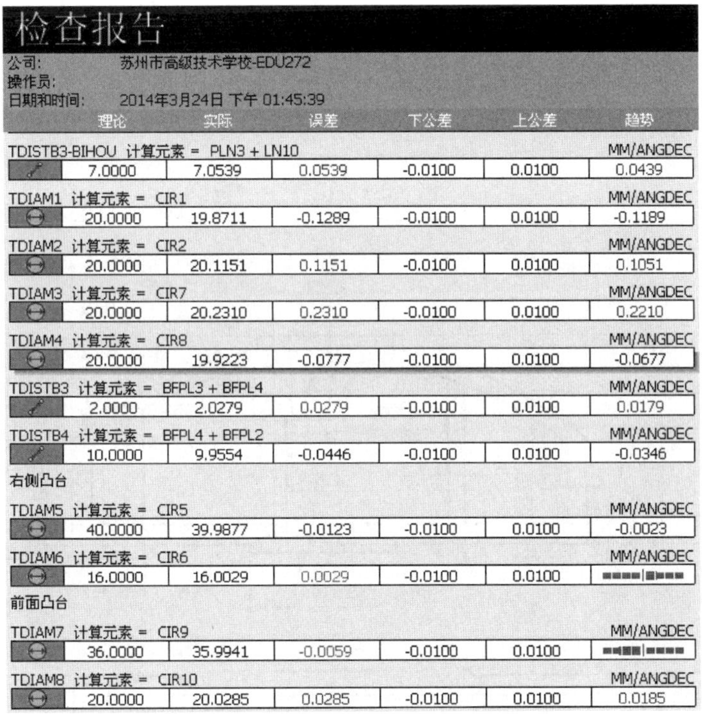

图 3-4-9 箱体类零件的部分检测报告

任务评价

完成图 3-4-1 所示箱体类零件的测量,生成检测报告并输出。根据操作评价表中的内容进行自我评价和同学互评。

序号	评价内容	😊	😐	😟
1	掌握箱体类零件工件坐标系建立的方法			
2	掌握箱体类零件尺寸检测的方法			
3	掌握元素构造的方法			
4	依据图样标注评价尺寸及形位公差			
5	根据图样要求输出正确的检测报告			

归纳梳理

- 本任务中学习了利用三坐标测量机测量箱体类零件的方法;
- 重点理解并掌握工件坐标系的建立;
- 掌握各种元素的测量、构造;
- 能根据图样要求评价公差并输出检测报告;
- 通过这个任务的学习,掌握利用三坐标测量机测量箱体类零件的方法。

巩固练习

利用 BQC654R 三坐标测量机测量图 3-4-10 所示零件,并生成测量报告。假设所有尺寸公差为±0.01mm。

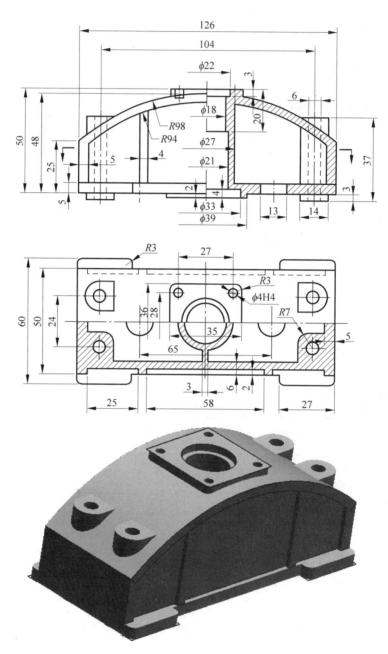

图 3-4-10　巩固练习零件

任务 3.5　特殊零件的测量

任务目标

- 掌握特殊零件工件坐标系建立的方法；
- 掌握特殊零件尺寸检测的方法。

任务内容

图 3-5-1 所示为典型的特殊零件模型。假设所有尺寸的公差都是 ±0.01mm，利用三坐标测量机检测工件并生成测量报告。

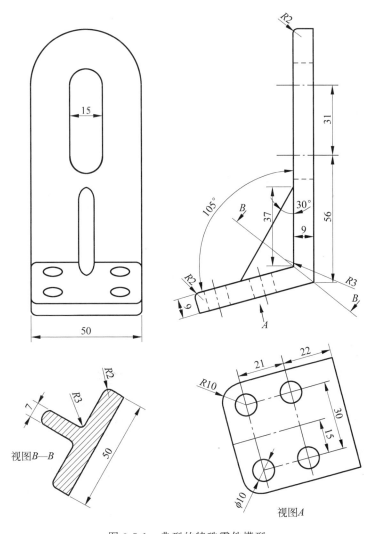

图 3-5-1　典型的特殊零件模型

任务分析

图 3-5-1 所示零件的立板与横板之间的夹角为 105°,建立工件坐标系时,以这两部分结构中的任一部分作为坐标平面,另一部分在测量时理论规整的坐标值都不太好计算。因此可以考虑根据工件的具体结构建立两个或多个工件坐标系,测量时在不同的工件坐标系之间进行切换,以方便理论规整时坐标值的计算,简化测量过程。

相关知识

坐标系的变换方法

对于建立两个或多个工件坐标系的工件而言,每个坐标系之间或多或少存在一些联系,为了减少工作量,就要尽可能少地测量元素,尽可能多地去寻找各坐标系之间的关系。利用"坐标系"模块的各种指令进行变换。在"坐标系"模块下,有"平移坐标系"、"旋转坐标系"等各种建立坐标系的方法。不管用何种方法,建立坐标系时都要用到实际测量要素,而不是理论要素。

任务实施

1. 准备工作

STEP1 按图样所示位置将工件摆放好,由于立板和横板的底面为加工面,因此在装夹时要注意不要覆盖可测量要素,如图 3-5-2 所示。

STEP2 校验测头。对于本任务中的零件,选用 20×φ2 的测针较合适。由于工件底面不能直接测量,需要校验 A0B0、A90B-90、A90B0、A90B90 和 A90B180 五个测头角度。

2. 建立工件坐标系

STEP1 测量相关元素。将测头角度转至 A90B-90,测量立板的背面,得到平面 PLN1。分别用 A90B0、A90B90、A90B180 三个测头角度在横板的底面测两个点,共 6 个点,用这 6 个点拟合构造平面 BFPLN1。用 A90B-90 的测头角度在立板键槽的两侧分别测量一条直线 LN1 和 LN2,如图 3-5-3 所示。

图 3-5-2 特殊零件的摆放

图 3-5-3 测量构造相关元素

STEP2 构造相关要素。将 LN1 和 LN2 分别投影到 PLN1 得投影线 PROJLN1 和 PROJLN2；用 PROJLN1 和 PROJLN2 构造中分线 MIDLN1；用 PLN1 和 BFPLN1 构造相交线 INTERLN1；用 INTERLN1 和 MIDLN1 构造相交点 INTERPT1。

STEP 3 建立坐标系 CRD1。如图 3-5-4 所示，用 PLN1 确定 $-X$ 方向，MIDLN1 确定 $+Z$ 方向，INTERPT1 确定坐标原点，生成工件坐标系 CRD1。图 3-5-5 所示当前激活的工件坐标系为 CRD1。

图 3-5-4　建立工件坐标系 CRD1

图 3-5-5　激活坐标系 CRD1

STEP 4 建立坐标系 CRD2。如图 3-5-6 所示，利用"坐标系"模块的"旋转坐标"指令，以 Y 轴为旋转轴，将 Z 方向与 BFPL1 实际要素的矢量方向对齐，通过将 CRD1 旋转得到 CRD2。

图 3-5-6　建立工件坐标系 CRD2

此处需要特别注意的是，虽然 CRD1 和 CRD2 理论上夹角为 15°，但对于实际工件而言，有可能与 15°有一定的偏差。因此要旋转到与实际要素的矢量方向对齐，而不是简单地旋转一定的角度。图 3-5-7 所示当前激活的工件坐标系为 CRD2。

图 3-5-7　激活坐标系 CRD2

3. 元素的测量

本任务中零件的元素基本上为圆、圆柱、平面和直线。在测量立板上的相关要素时,可激活 CRD1；在测量横板上的相关要素时,可激活 CRD2。无法直接测量的元素,可通过测量相关元素去构造。

4. 公差评价

用前面任务中讲解的方法分别评价每个元素的尺寸,依图纸所标注尺寸按顺序评价。

5. 输出报告

根据公差评价顺序,将其依次输出,必要时可插入图形公差。

任务评价

完成图 3-5-1 所示零件的测量,生成检测报告并输出。根据操作评价表中的内容进行自我评价和同学互评。

序号	评价内容	😊	😐	😞
1	掌握建立多个工件坐标系的方法			
2	能灵活切换不同工件坐标系检测工件			
3	掌握元素构造的方法			
4	依据图样标注评价尺寸及形位公差			
5	根据图样要求输出正确的检测报告			

归纳梳理

- 本任务中学习了利用三坐标测量机测量特殊零件的方法；
- 重点理解多个工件坐标系建立的含义；
- 掌握建立多个工件坐标系的方法,并能根据需要灵活切换；
- 能根据图样要求评价公差并输出检测报告；
- 通过这个任务的学习,掌握利用三坐标测量机测量特殊零件的方法。

巩固练习

利用 BQC654R 三坐标测量机测量图 3-5-8 所示零件,并生成测量报告。假设所有尺寸公差为±0.01mm。

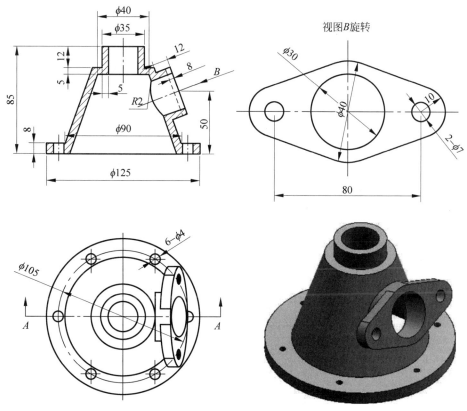

图 3-5-8 巩固练习零件

任务 3.6 编程测量

任务目标

- 掌握测量程序编写的步骤;
- 掌握测量模式的灵活选择;
- 掌握创建定位坐标系的方法;
- 掌握安全点/安全平面的插入/设置;
- 掌握测量路径的合理设置。

任务内容

假设有 500 个如图 3-6-1 所示的工件需要测量,请利用三坐标测量机检测这批工件并生成测量报告。

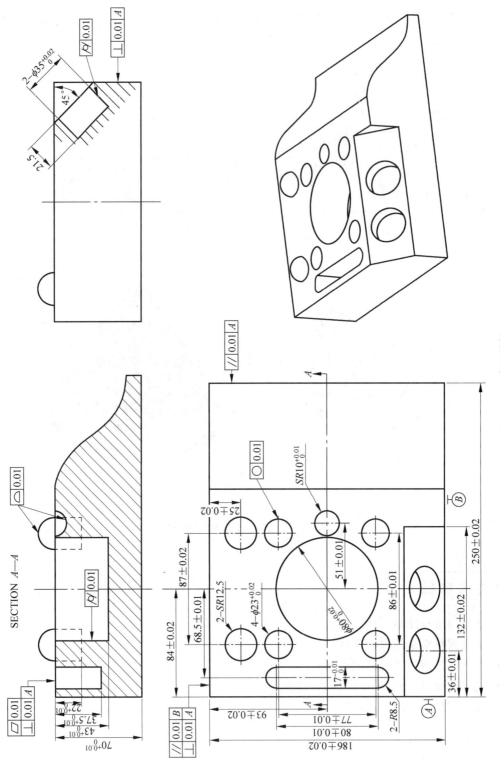

图 3-6-1 待测零件

任务分析

对于需要批量测量的工件,逐个手动测量将耗费大量的人力、物力。在这种情况下,就需要编写批量测量的程序,这样可以大大提高测量的效率。

相关知识

1. 定位坐标系

当批量测量的程序编写完成后,在检测工件时如何让机器"知道"工件放置在什么方位并准确自动测量? 这就需要引入定位坐标系的概念。当把工件放置好后,检测人员只需手动在工件上进行简单的定位测量并建立一个坐标系,机器就可"知道"工件的确切位置并利用程序进行自动测量。这个将工件与测量程序"连接"起来的坐标系就是定位坐标系。

2. 软件自学习

三坐标测量机编程利用软件自学习状态的开/关来实现。当需要将所做的动作写进程序时,打开软件自学习状态,如图 3-6-2 所示;当做一些准备动作不需要写进程序时,关闭软件自学习状态。

图 3-6-2　打开软件自学习

3. 安全平面/安全点(Goto 点)

安全平面的设置是为了防止程序在自动测量过程中发生撞针。如果被测零件在同一个测头角度下需要测量的要素并不是很多,安全平面的设置就不太好掌控。这时,我们可以采用插入安全点(即 Goto 点)的方式来避免程序自动运行过程中的撞刀。

4. 测量模式(见图 3-6-3)

三坐标测量机编程状态下,测量模式有以下三种。

(1) MODE/MAN:手动测量模式。在此模式下,所做的测量动作写入程序,但程序运行时还需根据提示手动测量。这一模式主要用于建立定位坐标系。

(2) MODE/PROG,MAN:半自动测量模式。在此模式下,所做的测量动作写入程序,程序运行时完全根据编程时的轨迹进行测量。这一模式主要用于工件的自动测量。

(3) MODE/AUTO,PROG,MAN:全自动测量。在此模式下,所做的测量动作写入程序,程序运行时不会根据编程时的轨迹进行测量,而是由软件来自动设置测量路径。一般在较复杂零件的测量中不使用此模式。

图 3-6-3　三种测量模式

任务实施

1. 建立定位坐标系

STEP1 打开软件自学习,选择程序运行模式为"MODE/
MAN"(见图 3-6-4),在手动模式下测量。

STEP2 软件功能操作区的测量面板选择"面"元素,在工
件上表面手动测量一个平面,如图 3-6-5 所示。

图 3-6-4 程序运行模式选择

图 3-6-5 "面"元素的测量

STEP3 软件功能操作区的测量面板选择"线"元素,在工件侧面测量一条直线。

STEP4 软件功能操作区的测量面板选择"点"元素,在工件左侧面测量一个点。如
图 3-6-6 所示,测量第 1、2、3 点生成"平面",测量第 4、5 点生成"直线",测量第 6 点生成
"点"。

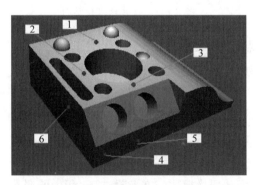

图 3-6-6 构建坐标系测量要素

STEP5 在坐标系面板中,选择"生成坐标系",拖放实际面-线-点元素构建零件定位坐
标系并单击"添加/激活坐标系",如图 3-6-7 所示。

图 3-6-7 建立定位坐标系

2. 建立工件坐标系

STEP1　选择程序运行模式为"MODE/PROG，MAN"，在半自动模式下编程测量（见图 3-6-8）。将测量的面拖放作为"安全平面"；并设置适合的"接近、回退距离"，单击"应用"生效，如图 3-6-9 所示。此处也可以不设置安全平面，在适当的时候加入安全点（Goto 点）。

图 3-6-8　程序运行模式选择

STEP2　在工件底面测量 8 个点，用这些点拟合构造平面 BFPLN1。在工件左侧面测量一个点 PT2，前面测量一条直线 LN2。在测量路径中要注意安全点的适当加入。利用"生成坐标系"指令，用平面 BFPLN1 的矢量方向确定 $-Z$ 方向，直线 LN2 的矢量方向确定 $+X$ 方向，点 PT2 确定 Y 原点，即可生成工件坐标系 CRD2，如图 3-6-10 所示。

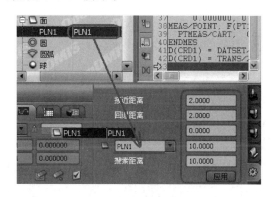

图 3-6-9　设置安全平面及"接近、回退距离"

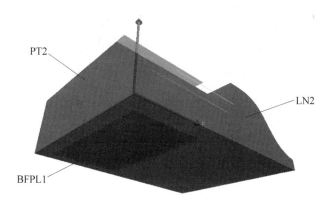

图 3-6-10　建立工件坐标系

3. 元素的测量

STEP1　关闭软件自学习功能，在软件功能操作区的测量面板选择"圆"元素，使用手操器手动测量圆 1，如图 3-6-11 所示。

STEP2　根据图样尺寸标注，规整圆的理论值。单击"产生测量点"设置，预览测量路径没有问题后，打开软件自学习功能，自动测量圆 1，将自动测量的路径写入程序。图 3-6-12 所示为自动测量圆的程序。

按同样方法测量各个需要评价的元素。

图 3-6-11　手动测量圆 1

```
 8 SNSET/APPRCH, 3.000000
 9 SNSET/RETRCT, 3.000000
10 SNSET/DEPTH, 2.000000                    开始运行程序
11 SNSET/SEARCH, 10.000000
12 SNSET/CLRSRF, 10.000000
13 RECALL/D(MCS)
14 SNSLCT/S(ROOTSN2)
15 GEOALG/CIRCLE, LSTSQR
16 GEOALG/ARC, LSTSQR
17 GEOALG/PLANE, LSTSQR
18 $$
19 $$
20 $$ Measurement points are created through nominal poin
21 MEAS/CIRCLE, F(CIR1), 6
22   GOTO/  432.995445, 500.007438, -424.500000
23   GOTO/  356.573163, 428.515498, -424.500000
24   PTMEAS/CART,  360.589652, 432.272865, -432.000000,
25       0.000000
26   GOTO/  353.936663, 430.157155, -432.000000
27   PTMEAS/CART,  349.586827, 435.617688, -432.000000,
28       0.000000
29   GOTO/  348.092591, 428.798176, -432.000000
30   PTMEAS/CART,  341.188713, 427.761374, -432.000000,
31       0.000000
32   GOTO/  346.347466, 423.057571, -432.000000
33   PTMEAS/CART,  343.793424, 416.560236, -432.000000,
34       0.000000
35   GOTO/  350.446413, 418.675947, -432.000000
36   PTMEAS/CART,  354.796249, 413.215413, -432.000000,
37       0.000000
38   GOTO/  356.290485, 420.034926, -432.000000
39   PTMEAS/CART,  363.194363, 421.071728, -432.000000,
40       0.000000
41 ENDMES
42
```

图 3-6-12　自动测量圆 1

4. 计算元素的公差

打开软件自学习功能。如图 3-6-13 所示评价圆 1 的尺寸公差。根据图样所示相应地输入理论尺寸及上下公差，即可对两要素之间的距离进行评价。同时，这一公差评价过程也被写进了程序。

按同样的方法评价需要评价的元素。

5. 拖放创建输出报告（见图 3-6-14）

打开软件自学习功能。根据图样要求拖放创建输出报告。同时，这一创建报告的过程也被写进了程序。

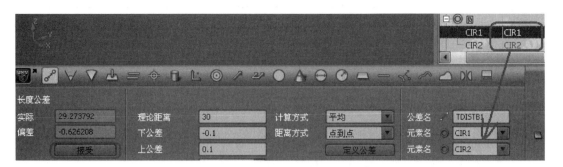

图 3-6-13 评价公差

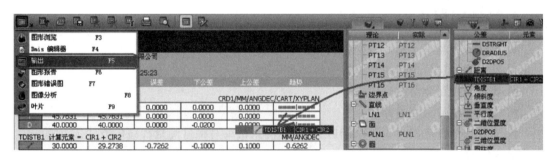

图 3-6-14 拖放创建输出报告

6. 拖放创建图形报告（见图 3-6-15）

打开软件自学习功能。将输出图形报告的动作也写进程序。不过要注意的是，程序自动运行时，图形报告界面的值会随每次测量值自动更新。但当把图形报告以图片的形式送到输出窗口后，输出窗口的图片不会随每次测量自动更新。如果需要输出图形报告，每次测量完后需要手动将图形报告界面的报告送到输出窗口。

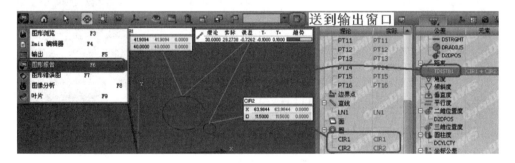

图 3-6-15 拖放创建图形报告

任务评价

编写图 3-6-1 所示零件批量测量的程序，编写完成后，更换工件进行自动测量并验证程序的正确性。根据操作评价表中的内容进行自我评价和同学互评。

序号	评价内容	😊	😐	😞
1	定位坐标系的建立			
2	测量模式的更换			
3	工件坐标系的建立			
4	依据图纸标注正确测量、评价公差、输出报告			
5	测量过程中安全平面/安全点的设置			
6	测量路径的合理规划			
7	测量时间的合理性			

归纳梳理

- 本任务中学习了利用三坐标测量机编写批量测量程序的方法；
- 重点理解定位坐标系与工件坐标系的区别；
- 能编写批量测量的程序；
- 能合理地设置测量路径；
- 通过这个任务的学习，掌握利用三坐标测量机编写批量测量程序的方法。

巩固练习

利用 BQC654R 三坐标测量机编写图 3-6-16 所示零件批量测量的程序，并验证其正确性。假设所有尺寸公差为±0.01mm。

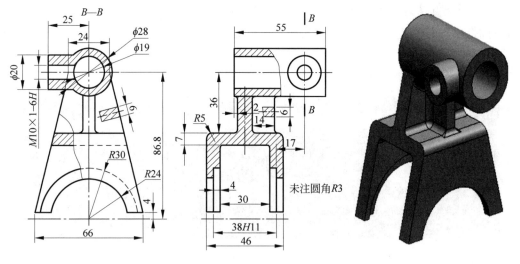

图 3-6-16　巩固练习零件

模块4

逆向工程技术

传统的产品开发流程遵从一种预定的顺序模式,即从市场需求抽象出产品的功能描述(规格及预期指标),然后进行概念设计,在此基础上进行总体及详细的零部件设计,制定工艺流程,设计工夹具,完成加工及装配,通过检验及性能测试。这种开发模式一般称为顺序工程或正向工程。概括地说,正向工程是从未知到已知,从想象到现实的过程。

而产品的逆向工程,则是将已有的产品模型或实物模型转化为工程设计模型和概念模型,在此基础上对已有产品进行解剖、深化和再创造,是已有设计的设计。随着计算机辅助几何设计理论和技术的发展及应用、CAD/CAE/CAM 集成系统的开发和商业化,利用产品实物的测量反求技术,通过扫描测量以及各种先进的数据处理手段获得产品实物信息,然后充分利用成熟的 CAD/CAM 技术快速、准确地建立实体数学几何模型,在工程分析的基础上,数控加工出产品模具,最后制成产品,实现产品——设计——产品的过程。

任务 4.1　逆向工程概述

任务目标

- 了解逆向工程的概念;
- 掌握逆向工程的工作流程;
- 了解逆向工程的应用范围及发展趋势;
- 了解正向设计与逆向设计的区别。

任务内容

1. 逆向工程的概念:通过对已有实物模型进行_____,来获取实物模型的型面_____,将_____以计算机手段进行处理,最终形成_____,用于产品重设计及数控加工。

2. 逆向工程的应用范围很广,比如_____、动力零件、_____、家电制品、_____、

_____、特种服装、工艺品、卡通等。

3. 简述逆向工程的工作流程。

解答：

4. 按照来源的不同,逆向工程可分为哪三种类型？

解答：

5. 正向设计与逆向设计的区别是什么？ 相比较正向设计而言,逆向设计具有哪些优势？

解答：

任务分析

随着科技的发展,逆向工程技术得到了越来越多的应用。有效地运用逆向工程技术,并将其与正向设计有机结合,可以简化设计流程、缩短设计周期、降低设计成本。在本任务中,逆向工程技术的学习也需要与正向设计相结合,从逆向工程的概念、流程及应用几个方面来理解。

相关知识

1. 逆向工程的定义

"逆向工程"(Reverse Engineering,RE),也称反求工程、反向工程。它是将实物转化为CAD模型相关的数字化技术,几何模型重建技术和产品制造技术的总称。是将已有产品或实物模型转化为工程设计模型和概念模型,在此基础上对已有产品进行解剖,深化和再创造的过程。

逆向工程是消化、吸收先进技术的一系列工作方法的技术组合,是一门跨学科、跨专业的、复杂的系统工程。它包括影像逆向、软件逆向和实物逆向三个方面。目前,大多数关于逆向工程的研究主要集中在实物的逆向重构上,即产品实物的CAD模型重构和最终产品的制造方面,称之为"实物逆向工程"。这是因为:一方面,作为研究对象,产品实物是面向消费市场最广、最多的一类设计成果,也是最容易获得的研究对象;另一方面,在产品开发和制造过程中,虽然已经广泛使用了计算机几何造型技术,但是仍然有许多产品,由于种种原因,最初并不是由计算机辅助设计模型描述的,设计和制造者面对的是实物样件。为了适应现代先进制造技术的发展,需要通过一定的途径将实物样件转化为CAD模型,以期望利用计算机辅助制造、快速原型制造和快速模具、产品数据管理以及计算机集成制造系统等先进技术对其进行处理和管理。同时,随着现代测试技术的发展,快速、精确地获取实物的几何信息已经变成现实。

目前,这种从实物样件获取产品数学模型并制造得到新产品的相关技术,已经成为CAD/CAM系统中一个研究及应用热点,并发展成为一个相对独立的领域。

作为一种逆向思维的工作方式,逆向工程技术与传统的产品正向设计方法不同,它是根据已经存在的产品或零件原型来构造产品的工程设计模型或概念模型,在此基础上对已有产品进行解剖、深化和再创造,是对已有设计的再设计。传统的产品开发过程遵从正向工程(或正向设计)的思维进行,是从收集市场需求信息着手,按照"产品功能描述(产品规格及预期目标)——产品概念设计——产品总体设计及详细的零部件设计——制定生产工艺流程——设计、制造工夹具、模具等工装——零部件加工及装配——产品检验及性能测试"这样的步骤开展工作,是从未知到已知、从抽象到具体的过程。而逆向工程则是按照产品引进、消化、吸收与创新的思路,以"实物——原理——功能——三维重构——再设计"框架模型为工作过程。其中,最主要的任务是将原始物理模型转化为工程设计概念或CAD模型。一方面为提高工程设计、加工、分析的质量和效率提供充足的信息,另一方面为充分利用先进的CAD/CAE/CAM技术对已有的产品进行再创新工程服务。

图4-1-1所示的是正向工程与逆向工程流程的对比框图。两者比较,区别在于:正向工程是由抽象的较高层次概念或独立实现的设计过渡到设计的物理实现,从设计概念至CAD模型具有一个明确的过程;而逆向工程是基于一个实物原型来构造它的设计概念,并且通过对重构模型特征参数的调整和修改来达到对实物原型的产品复制和创新,以满足产品更新换代和创新设计的要求。在逆向工程中,由离散的数字化点到CAD模型的建立是一个复杂的设计推理和数据加工过程。

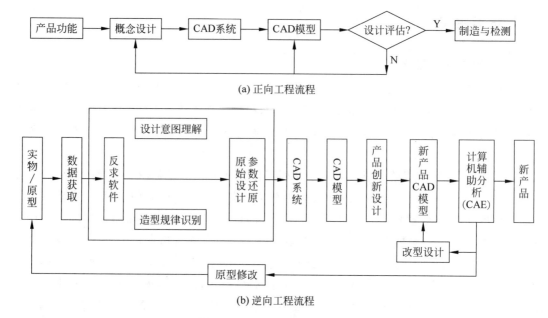

(a) 正向工程流程

(b) 逆向工程流程

图 4-1-1　正向工程与逆向工程

2. 逆向工程的工作流程

随着计算机辅助几何设计的理论和技术的发展和应用以及 CAD/CAE/CAM 集成系统的开发和商业化,产品实物的逆向设计首先通过测量扫描以及各种先进的数据处理手段获得产品实物信息,然后充分利用成熟的 CAD/CAM 技术,快速、准确地建立实体几何模型,在工程分析的基础上,在数控加工设备上加工出产品模型,最后制成产品,实现从产品或模型——设计——产品的整个生产流程。具体流程如图 4-1-2 所示。

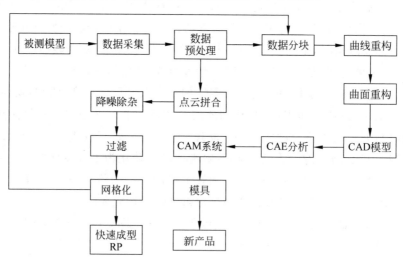

图 4-1-2　逆向工程流程图

逆向工程一般可分为 4 个阶段。

（1）**数据获取**。通常采用三坐标测量机（CMM）或激光扫描等测量装置来获取零件原型表面点的三维坐标值。

（2）数据处理。对获取的数据进行一系列处理（如数据拓扑的建立、数据滤波、数据精简、特征提取与数据分块等）。对于形状复杂的点云，经过数据处理，将被分割成特征相对单一的块状点云。按测量数据的几何属性对其进行分割，采用几何特征匹配与识别的方法来获取零件原型所具有的设计与加工特征。

（3）原型 CAD 模型的重建。将分判后的三维数据在 CAD 系统中分别做表面模型的拟合，并通过各表面片的求交与拼接等逻辑运算获取零件原型表面的 CAD 模型。

（4）重建 CAD 模型的检验与修正。根据获得的 CAD 模型重新测量和加工出样品，来检验重建的 CAD 模型是否满足精度或其他试验性能指标的要求，对不满足要求者重复以上过程，直至达到零件的设计要求。

3. 逆向工程的应用

目前，随着测量技术、材料技术及先进制造技术的迅速发展，逆向工程在制造业得到了广泛的应用，尤其在航空、航天、汽车、家电、模具等行业中表现出越来越大的应用潜力和前景（见图 4-1-3）。逆向工程的具体应用主要表现在以下几个方面。

（1）基于实物模型的产品外形设计。当设计师难以直接用计算机进行某些物体（如复杂的艺术造型、人体和其他动植物外形等）的三维几何设计时，常用黏土、木材或泡沫塑料等材料进行初始外形设计（概念设计），这就需要通过逆向工程将实物模型转化为三维 CAD 模型。

（2）对现有产品的局部修改。由于工艺、美观、使用效果等方面的原因，经常要对已有的产品做局部修改。在原始设计没有三维 CAD 模型的情况下，若能将实物通过数据测量与处理产生与实际相符的 CAD 模型，对 CAD 模型进行修改后再进行加工，将显著提高生产效率。因此，逆向工程在改型设计方面可以发挥不可替代的作用。

（3）对无法得到图样的已有产品数字化。传统产业的很多产品往往无图样可用，需要采用逆向工程的方法来实现传统产品的数字化。因此，逆向工程技术是改造传统产业、推动产品更新换代，带动产业结构升级的重要手段。

（4）以已有产品为基准点进行的设计（benchmarking）。借鉴别人的成功设计并在此基础上进行产品创新设计是赶超同类行业先进水平的一个重要捷径，也是当今的一条新设计理念。

（5）磨损或损坏物体的还原。某些大型设备，如航空发动机、汽轮机组等，常会因为某一零部件的损坏而停止运行。通过逆向工程手段，可以快速生产这些零部件的替代件，从而提高设备的利用率和使用寿命。

（6）医学模型制作。逆向工程系统可以通过 CT、MRI 等临床检测手段获取人体扫描的分层截面图像，并将数据传送至 RPM 系统，制作出人体局部或内脏器官的模型。

（7）工业产品无损探伤。借助于层析 X 射线摄影法（CT 技术），逆向工程还可以快速发现、度量、定位物体的内部缺陷，从而成为工业产品无损探伤的重要手段。

（8）产品的检测。通过逆向工程技术，利用 CAD 信息自动生成测量程序，通过三坐标测量机完成对产品的测量任务，获得测量结果后再与 CAD 信息进行比较来评价产品的加工准确度。

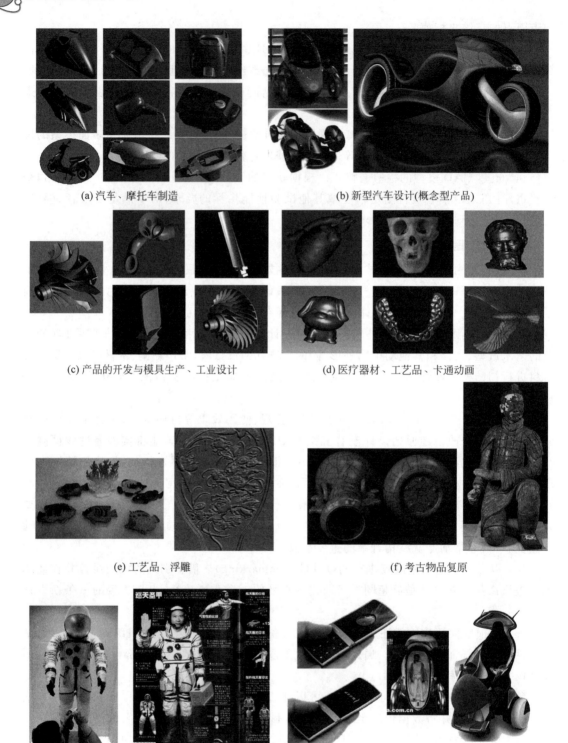

(a) 汽车、摩托车制造

(b) 新型汽车设计(概念型产品)

(c) 产品的开发与模具生产、工业设计

(d) 医疗器材、工艺品、卡通动画

(e) 工艺品、浮雕

(f) 考古物品复原

(g) 特种服装(宇航服)

(h) 人工力学/人体曲线产品设计

图 4-1-3 逆向工程的应用领域

任务实施

1. 逆向工程的概念：通过对已有实物模型进行三维数字化扫描，来获取实物模型的型面点云数据，将点云数据以计算机手段进行处理，最终形成数学模型，用于产品重设计及数控加工。

2. 逆向工程的应用范围很广，比如汽车、摩托车制造、动力零件、模具产品开发、家电制品、医疗器材、运动器械、特种服装、工艺品、卡通等。

3. 简述逆向工程的工作流程。

解答：逆向工程一般可分为四个阶段：(1)数据获取；(2)数据处理；(3)原型 CAD 模型的重建；(4)重建 CAD 模型的检验与修正。

4. 按照来源的不同，逆向工程可分为哪三种类型？

解答：逆向工程是消化、吸收先进技术的一系列工作方法的技术组合，是一门跨学科、跨专业的、复杂的系统工程。它包括影像逆向、软件逆向和实物逆向三个方面。

5. 正向设计与逆向设计的区别是什么？相比较正向设计而言，逆向设计具有哪些优势？

解答：正向设计的过程为：产品功能描述——产品概念设计——CAD 模型。设计过程从抽象的概念到绘制 CAD 模型，耗费的时间和成本较高，整个过程较艰难；

逆向设计的过程为：产品/实物/模型——数据采集——反求 CAD 建模——CAD 模型。设计过程从现有的产品得到 CAD 模型，大大节省了时间和成本，整个过程较容易。还可以在 CAD 模型的基础上进行产品的再设计，缩短了产品的设计周期，降低了设计成本。

相比较正向设计而言，逆向设计具有以下优势：(1)快速复制：从产品实物快速获取产品 CAD 模型；(2)改良创新：在原有产品 CAD 模型上进行改良，实现快速二次开发；(3)作为正向设计的有益补充，贯穿于整个产品的开发过程。逆向工程也是提高创新能力的有效途径。

任务评价

完成本任务布置的相关题目，根据操作评价表中的内容进行自我评价和同学互评。

序号	评价内容	☺	☺	☹
1	逆向工程的定义			
2	逆向工程的分类			
3	逆向工程的流程			
4	逆向设计与正向设计的区别			
5	逆向工程应用			

归纳梳理

- 本任务中学习了逆向工程技术的相关知识；
- 了解逆向工程的概念；
- 掌握逆向工程的工作流程；
- 了解逆向工程的应用范围及发展趋势；
- 了解正向设计与逆向设计的区别。

巩固练习

通过查阅资料，加深对逆向工程相关知识的理解与掌握。

任务 4.2　逆向工程的数据采集

任务目标

- 了解数据采集的各种方法及其优缺点；
- 掌握非接触式扫描的原理；
- 能利用手持式激光扫描仪 REV-Scan 采集数据。

任务内容

1. REV-Scan 手持式激光扫描仪扫描物体的最高分辨率为_____。
2. REV-Scan 手持式激光扫描仪扫描物体所得到的数据直接为_____。
3. 在逆向工程中，物体表面三维数据的获取方法有哪些？

解答：

4. 简述激光三角测量法的测量原理。

解答：

5. 接触式测量适用于哪些场合？其有什么优点和缺点？

解答：

6. 非接触式测量适用于哪些场合？其有什么优点和缺点？

解答：

7. 学习 REV-Scan 手持式激光扫描仪的使用。扫描图 4-2-1 所示小鸭模型,得到该模型的完整三角面片数据。

图 4-2-1 玩具小鸭模型

任务分析

在逆向造型的过程中,数据采集是至关重要的一步。对于图 4-2-1 所示的小鸭模型,它是由不规则曲面组成的。逆向造型时强调"造型",对精度的要求不是很高。因此采用非接触式扫描采集数据的方法较为合适。

相关知识

一、逆向工程的数据采集

曲面测量技术是逆向工程技术中重要的组成部分,是通过特定的测量设备和测量方法,将物体的表面形状转化成离散的几何点坐标的数据。在此基础上,就可以进行复杂曲面的建模、评价、改进和制造。因此,高效、高精度地实现样件表面的数据采集,是逆向工程实现的基础和关键技术之一,是逆向工程中最基本、最不可缺少的步骤。数据获取在产品设计与逆向工程及 CAD/CAM/CAE/RP/CNC 之间扮演着桥梁的角色。测得数据的质量事关最终模型的质量,直接影响到整个工程的效率和质量。因此,如何取得较佳的物体表面数据,是逆向工程的一个主要研究内容。

1. 数据采集的主要设备

数据采集的主要设备有:三坐标测量机(Coordinate Measuring Machine,CMM);数控机床(NC)加上坐标测量装置;专用数字化仪或扫描仪。

市场上主要有三种数字化点测量仪。

(1)激光测量仪。由激光扫描实物,同时由摄像机记录下光束与实物接触的部位。如果接触部分为点状,称之为点激光测量仪,如果接触部分为线状,则称之为线激光测量仪。

(2)光学测量仪。由结构光源照射实物,利用干涉条纹技术测出实物的形状。

(3)机械式测量仪。通过测量仪与实物的接触测出其形状。这类机械接触式测量仪,一般常用于仿形加工。

2. 数据采集方法

数据采集方法可分为接触式测量和非接触式测量(见图 4-2-2)。典型的接触式测量方法是三坐标测量机测量法。非接触式测量法按其原理不同,可分为光学式和非光学式。其中,光学式包括三角形法、结构光法、激光干涉法等,非光学式包括 CT 测量法等。

接触式方法对物体表面的颜色和光照没有要求,物体边界的测量相对精确,但缺点是速度慢,对软质材料适应差,而且测点分布可能不理想。

非接触式方法采集实物模型的表面数据时,测头不与实物表面接触,它们利用某种与物体表面发生相互作用的物理现象来获取其三维信息,如声、光、电磁等。其中应用光学原理发展起来的现代三维形状测量方法应用比较广泛,如三角形法、结构光法等。

激光三角测量法是根据光学三角形测量原理,利用光源和敏感元件之间的位置和角度关系来计算零件表面点的坐标数据,其基本原理如图 4-2-3 所示。图中,激光器的轴线、成像物镜的光轴以及 CCD 线阵,三者位于同一个平面内。激光光源作为测量的指示光源,将

(a) 接触式扫描 (b) 非接触式扫描

图 4-2-2 数据采集方法：(a)接触式扫描；(b)非接触式扫描。

一个理想的点光斑投射在被测物表面上,该光斑将随其投射点位置的深度坐标变化而沿着激光器的轴向作同样距离的位移。点光斑同时又通过物镜成像在 CCD 线阵上,且成像位置与光斑的深度位置有唯一的对应关系。测出 CCD 线阵上所成实像的中心位置,即可通过几何光学的计算方法求出光斑此刻的深度坐标,从而得到被测物表面该点处的深度参数。通过对若干采样点的测量,得到被测物表面形貌的一组数据。这种基本的光学三角法测量属于逐点测量。

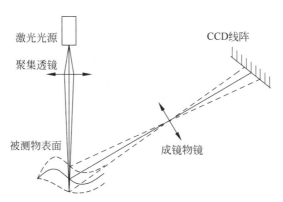

图 4-2-3 激光三角法测量原理

两种不同数据采集方式优缺点比较如表 4-2-1 所示。

表 4-2-1 接触式与非接触式扫描优缺点比较

项目	接触式探针扫描	非接触式激光扫描
扫描准备	需在工件上预设测量点	只要确定扫描范围
被测工件	非柔性工件	柔性＋非柔性物体
扫描数据	数据量少,需多次扫描	一次扫描,数据量大
扫描精度	高,一般≤0.005mm	低,一般≥±0.03mm
扫描效率	慢	快
逆向使用	通常用于结构件、使用少	范围广、使用较多

激光线扫描测量(见图 4-2-4)被认为是目前三维形状测量中最好的方法之一。其主要优点是测量范围大、稳定、速度快、成本低、设备携带方便、受环境影响小、易于操作。缺点是精度较低,而且只能测量表面曲率变化不大的、较平坦的物体;对于表面变化剧烈的物体,在陡峭处往往会发生相位突变,使测量精度大大降低;工件本身的表面色泽、粗糙度也会影响测量的精度,为提高测量精度,需要对被测量表面涂上"反差增强剂"或喷漆处理,以减小误差;同时,还有图像的获取和处理时间长,测量量程较短等问题。

图 4-2-4　激光线扫描测量

尽管如此,基于三角测量原理的线结构激光扫描技术的测量设备仍被认为是目前测量速度和精度最高的扫描测量系统,特别是分区测量技术的进步,使光栅投影测量的范围不断增大,成为目前逆向测量领域中使用最广泛和成熟的测量系统。

各种数据采集方法都有一定的局限性,对制造业领域的逆向工程而言,要求数据采集方法应满足以下要求:

(1) 采集精度高,一般地,误差应在 $10\mu m$ 以内。

(2) 采集速度快,应能实现在线自动采集。

(3) 可采集内外轮廓的数据。

(4) 可采集各种复杂形状原型。

(5) 尽可能不破坏原型。

(6) 尽量降低成本。

由于各种测量方法均有其优缺点及适用范围,因此应从集成角度出发,综合运用各种测量方式在时间、空间以及物理量上的互补,增加信息量,减少不确定性,以获取精度较高的三维测量数据。

二、手持式激光扫描仪 Rev-scan

1. 手持式激光扫描仪 Rev-scan 简介

图 4-2-5 所示为手持式激光扫描仪 Rev-scan 扫描头描述图。其系统参数如表 4-2-2 所示。

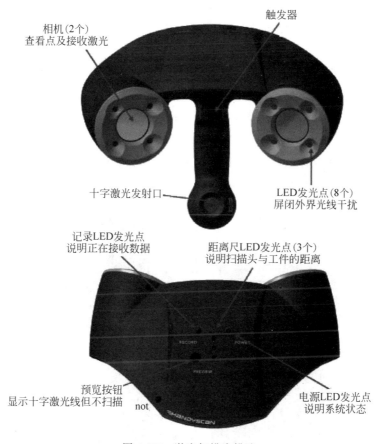

图 4-2-5　激光扫描头描述

表 4-2-2　Rev-scan 系统参数

特　　征	值
激光强度	II
波长	660nm(0.000026in)
景深	300mm(12in)
功率	35mW
重量	980g(2.1ibs)
工作温度	15℃＜T＜35℃ 59℉＜T＜95℉

　　Rev-scan 可以实现更容易更快的数据采集。因为它易于使用的界面,系统不要求使用者拥有激光扫描领域的任何专业知识。它的原理是基于所扫描部分的三维曲线阵列,然后由面生成模型以输出处理。

2. 影响数据采集质量的关键因素

影响数据采集质量的关键因素主要包括有:

(1)测量方法本身的精度,经过大量的技术训练来掌握最佳的测量方法。

(2)仪器的精确校准,随时校准设备来保证测绘精度。

（3）测量范围的限制、阻挡。

（4）采集数据的局部缺少、被测物体表面的光洁度等。需要采用其他的显影方式来帮助数据采集。

由于这些因素，测量数据一般要经过预处理后才能进行曲面拟合和 CAD 模型重建。

3. 手持式激光扫描仪 Rev-scan 的一般保护

（1）该扫描仪包含精密光学元件，必须小心提运以避免损伤组件或精度系统。运输时，系统及配件必须一并放入便携箱。系统必须置于干燥、无灰尘的地方并保持周围的温度。

（2）扫描头应放于支撑架上，或在不用时放入便携箱（见图 4-2-6）。

（3）用干燥且洁净的布片擦拭滤镜。

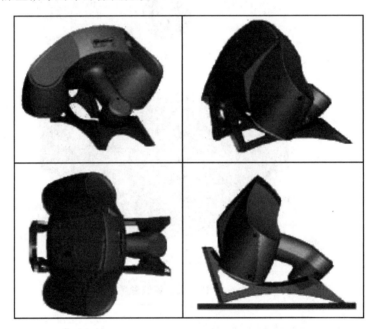

图 4-2-6　激光扫描头放置方法

任务实施

1. REV-Scan 手持式激光扫描仪扫描物体的最高分辨率为　0.2mm　。

2. REV-Scan 手持式激光扫描仪扫描物体所得到的数据直接为　三角网格面片　。

3. 在逆向工程中，物体表面三维数据的获取方法有哪些？

解答：根据测量探头是否和零件表面接触，逆向工程中物体表面三维数据的获取方法基本上可分为两大类——接触式与非接触式。典型的接触式测量方法是三坐标仪测量法。非接触式测量法按其原理不同，可分为光学式和非光学式。其中，光学式包括三角形法、结构光法、激光干涉法等，非光学式包括 CT 测量法等。

4. 简述激光三角测量法的测量原理。

解答：激光三角法测量原理（见图 4-2-3）是：图中，激光器的轴线、成像物镜的光轴以及 CCD 线阵，三者位于同一个平面内。激光光源作为测量的指示光源，将一个理想的点光斑投射在被测物表面上,该光斑将随其投射点位置的深度坐标变化而沿着激光器的轴向作同样距离的位移。点光斑同时又通过物镜成像在 CCD 线阵上,且成像位置与光斑的深度位置有唯一的对应关系。测出 CCD 线阵上所成实像的中心位置,即可通过几何光学的计算方法求出光斑此刻的深度坐标,从而得到被测表面该点处的深度参数。通过对若干采样点的测量,得到被测表面形貌的一组数据。这种基本的光学三角法测量属于逐点测量。

5. 接触式测量适用于哪些场合?其有什么优点和缺点?

解答:接触式测量主要应用场合:(1)零件所被关注的是尺寸、间距或位置,而并不强调其形状误差;(2)当你确信你所用的加工设备有能力加工出形状足够好的零件,而注意力主要放在尺寸和位置精度时,接触式测量是合适的;(3)触发测头体积小,适用于测量空间狭窄的部位。

接触式测头的优点是:(1)适用于空间棱柱式物体及已知表面的测量;(2)通用性强;(3)有多种不同类型的触发测头及附件供采用;(4)采购及运行成本低;(5)应用简单;(6)适用于尺寸测量及在线应用;(7)坚固耐用;(8)体积小,易于在窄小空间应用;(9)由于测点时测量机处于匀速直线低速运行状态,测量机的动态性能对测量精度影响较小。

缺点是:测量取点率低。

6. 非接触式测量适用于哪些场合?其有什么优点和缺点?

解答:非接触式测量主要适用场合:(1)有形状要求的零件和轮廓的测量;(2)对未知曲面的扫描。

非接触式测量的优点是:(1)适用于形状和轮廓测量;(2)采点率高;(3)高密度采点保证了良好的重复性、再现性;(4)更高级的数据处理能力。

非接触式测量的缺点是:(1)比触发测头复杂;(2)对离散点的测量较触发测头慢;(3)高速扫描时由于加速度而引起的动态误差大,不可忽略,必须加以补偿;(4)测量精度较低。

7. 小鸭模型的数据采集主要由 REV-Scan 手持式激光扫描仪完成。下面主要介绍 REV-Scan 手持式激光扫描仪的使用方法及小鸭模型的数据采集过程。

(1) 系统连接(见图 4-2-7)

STEP 1 在计算机 PCMCIA 槽中插入 PCMCIA 火线卡。插入位置因计算机而不同。

STEP 2 确保卡插入正确并插牢。

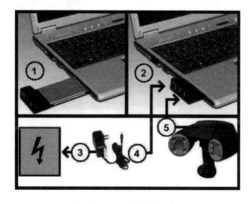

图 4-2-7 系统连接

STEP 3　将电源适配器连接至电源。

STEP 4　将电源线连接至 PCMCIA 卡。

STEP 5　用 IEEE1394 火线电缆连接扫描头与 PCMCIA 卡。

（2）扫描仪校准

STEP 1　打开扫描软件 VxScan，其主要界面描述如图 4-2-8 所示。进入"配置"→"扫描仪"→"校准"指令（见图 4-2-9）。

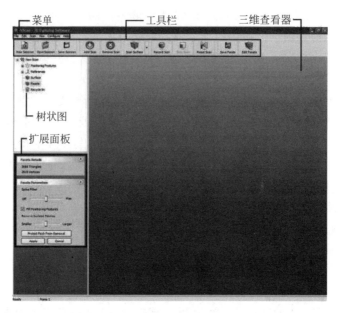

图 4-2-8　软件界面描述

STEP 2　按"获取"按钮（Acquire）激活传感器。

STEP3　将校准板放于一个稳定的平面，并将扫描头置于距校准板大约 10cm 处，如图 4-2-10 所示。

图 4-2-9　扫描仪校准指令

图 4-2-10　校准扫描仪

STEP4　用扫描头上的预览按钮（Preview）使十字激光对准校准板上的白色十字带状区域。

STEP5　按下触发器，并缓慢地移动扫描头至距离校准板大约 60cm 处直到完成 14 个测量(见图 4-2-11)。在此过程中,一定要确保十字激光始终居于校准板上的白色十字带状区域内。

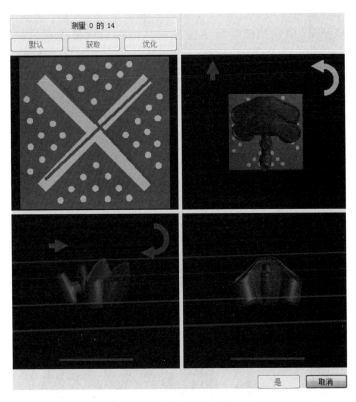

图 4-2-11　软件显示校准结果

(3)扫描物体

STEP 1　工件准备。为了达到更好的扫描效果,任何发亮的、黑色的、透明的或反光的(镜子、金属面)都应该喷涂白色粉末。由于玩具小鸭表面材质有点透光,因此在其表面均匀地喷涂了薄薄一层反差增强剂,如图 4-2-12 所示。

图 4-2-12　喷涂反差增强剂后的小鸭模型

STEP 2 粘贴定位点。为了使扫描对象系统在空间中完成自定位,对于较大的工件需要在其表面粘贴定位点。但对于较小的工件,建议将定位点贴于一个平板上(最好是黑色且不光滑的),然后将工件放于平板上进行测量。玩具小鸭体积较小,适合将其放置于定位平板上扫描测量,但在扫描过程中注意玩具小鸭与定位平板之间要保持相对静止状态。

STEP3 开始扫描。设置好扫描分辨率(0.02mm),选择"扫描"→"扫描表面"(见图 4-2-13),开始扫描被测对象。扫描过程中注意扫描仪与被测对象保持合适的距离。扫描时,会在三维查看器左侧出现一个条状计量器来说明扫描头与被扫描物之间的距离,扫描头顶上的 3 个 LED 发光点(红、绿、红)也同样是一个距离计量器(见图 4-2-14)。玩具小鸭扫描过程采集的数据在软件三维查看器同步显示,如图 4-2-15 所示。

图 4-2-13 "扫描表面"指令

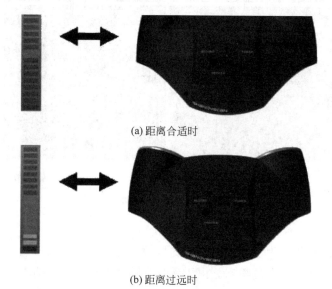

(a) 距离合适时

(b) 距离过远时

图 4-2-14 距离计量器指示

图 4-2-15 玩具小鸭扫描过程数据显示

注：距离太近或太远都不能继续跟踪扫描。这意味着相机不再能通过反光点来进行定位或者反光点分布不合理。如遇不能跟踪扫描,请将扫描头置于已被扫描过的区域再扣动触发器或重新粘贴定位点。

（4）保存结果

扫描完成所需数据后,选择"停止扫描过程"指令,并"保存面片"。保存的三角网格面片数据可直接作为逆向造型的源数据。

任务评价

完成本任务布置的相关题目,根据操作评价表中的内容进行自我评价和同学互评。

序号	评价内容	☺	😐	☹
1	逆向工程数据采集的方法及其区别			
2	激光三角法测量原理			
3	Rev-Scan 手持式激光扫描仪的校准			
4	利用 Rev-Scan 手持式激光扫描仪扫描被测物体			

归纳梳理

- 本任务中学习了逆向工程数据采集的相关知识;
- 了解逆向工程数据采集的各种方法及其区别;
- 掌握激光三角法测量原理;
- 掌握 Rev-Scan 手持式激光扫描仪的使用;
- 能利用 Rev-Scan 手持式激光扫描仪扫描被测物体,得到完整的三角面片网格数据。

巩固练习

利用 Rev-Scan 手持式激光扫描仪扫描图 4-2-16 所示工艺品（海宝）模型,得到完整的扫描数据。

图 4-2-16　工艺品（海宝）模型

任务 4.3 逆向工程的三维建模

任务目标

- 了解逆向工程三维建模的流程；
- 了解逆向工程三维建模的常用软件；
- 熟练掌握 Geomagic Studio 逆向建模软件的使用。

任务内容

1. 对图 4-3-1 所示点数据进行拼接，通过合并得到一个完整的点对象并封装成多边形对象。

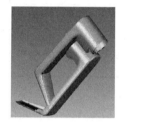

图 4-3-1 数据拼接实例

2. 对图 4-3-2 所示多边形对象进行修复，并将三角形数目减少至 150000 左右。

图 4-3-2 数据修补实例

3. 在精确曲面中，手动布局图 4-3-3 所示多边形数据，生成 NURBS 曲面并进行偏差分析。

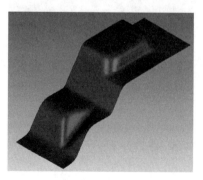

图 4-3-3 曲面构造实例

任务分析

Geomagic Studio 逆向处理软件可对扫描得到的源数据进行点云处理、多边形处理，并生成参数化曲面或精确曲面，从而得到物体的 CAD 模型。学习初始，应首先熟练掌握该软件各阶段数据处理的方法。

相关知识

一、逆向工程的三维几何建模

几何建模是逆向工程的关键，构建曲面是几何建模的关键。建模的过程也就是对数据进行处理并实现三维重构的过程。

1. 数据处理

数据采集的结果是离散的海量数据（即几十万甚至几百万个点，也称为点云），其中存在着许多重复测量的数据，对系统的测量误差和随机误差等也必须进行预处理。例如，进行原始数据型面显示与评估，在 CAD 软件上多角度显示原始数据型面，设计人员及时发现测量遗漏和重复区域、不准确的杂散乱点。确定是否重新测量、是否需要按一定要求减少测量点的数量，即数据压缩，并对点云进行拼合，如图 4-3-4 所示。

（1）图像处理。由于在三维数据测量时，很多常用的测量方式都用到光学成像原理，因此数据处理往往首先要进行图像处理，一般分为滤波去噪和边缘检测两个部分。

（2）曲面拟合（见图 4-3-5）。长期以来，曲面拟合技术是计算几何的重要研究内容，众多的研究成果为逆向工程中的曲面构造提供了理论基础。曲面拟合的方法分为插值和逼近两种。插值是给定一组点，要求构造的曲面通过所有数据点；而逼近不要求拟合的曲面通过所有点，只是在某种意义下最为接近给定数据点。一般情况下，由于离散的测量数据存在各种误差，若要求构造一个曲面严格通过所有给定的带有误差的数据点没有什么意义，因此当测量点数量众多，且含有一定测量误差时需要使用逼近法。当然，精确测量下对于数据点不多时可以采用插值法。

2. 三维 CAD 模型重构

根据逆向对象及采用的数据采集测量技术和手段的不同，逆向工程的三维 CAD 模型重构内容可以分为两个方面：一方面是以处理复杂自由曲面为主要特点的表面逆向 CAD 建模；另一方面是整个形体的逆向 CAD 模型重建。

（1）复杂自由曲面 CAD 模型重构。在逆向工程中，基于复杂曲面的表面三维模型重构主要有以下特点：

① 自由曲面数据散乱，且曲面对象边界和形状有时极其复杂，因而一般不便直接运用常规的曲面构造方法，需要消除各种干扰因素，精简样点，采用有效的数据转换格式，减少数据丢失和失真。

② 对于含有自由曲面的复杂型面，曲面对象往往不是简单地由一张曲面构成的，而是由多张曲面经过延伸、过渡、裁剪等拼合而成的，因而用一张曲面来拟合所有的数据点是不

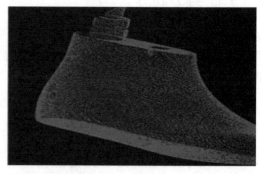

(a) 用激光扫描仪取得鞋楦点资料

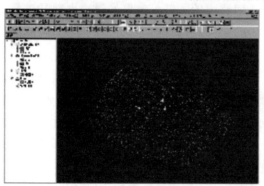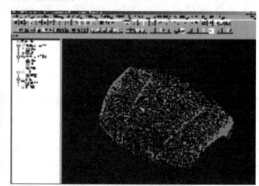

(b) 均匀压缩处理

(c) 点云拼合

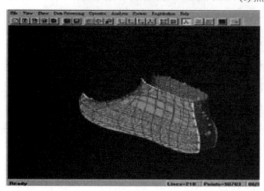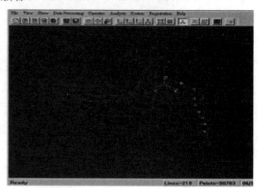

(d) 利用点数据处理软件处理所需曲线

图 4-3-4　数据处理流程

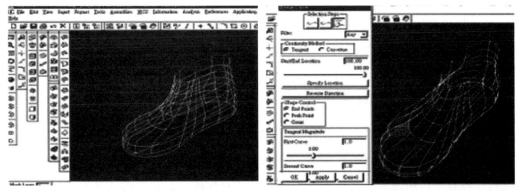

(a) 将曲线汇入高阶CAD(UG)，并连接曲线

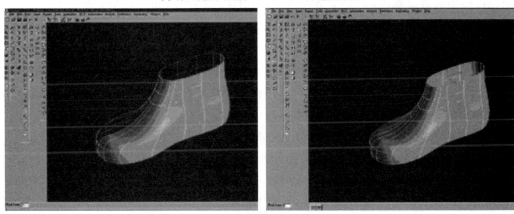

(b) 利用平滑后曲线建构曲面

图 4-3-5 曲面拟合的流程

可行的，需要对三维测量数据进行分割，然后分块造型。一般先按照原型所具有的特征，将测量数据点分割成不同的区域，各区域只具有单一特征，再分别拟合出不同的曲面，然后应用曲面求交或曲面间过渡的方法将不同的曲面连接起来构成一个形体。这一过程将涉及有关曲面分割与拟合算法的有效性、效率及误差问题，包括样点的特征、数量、密度、来源及对曲面拟合的影响，拟合参数曲面的延伸问题，初等曲面与自由曲面的混合问题及求交算法、CAD 模型重构的约束条件等问题。

③ 在逆向工程中还存在一个"多视数据"问题。使用常用的接触式和非接触式方法时，由于零件的复杂性和测量方法的限制，一次装卡可能不能获得所需的全部数据，需要调整零件与测量系统的相对位置，从而导致了多次测量所得数据的坐标系不统一。另外，为了保证数字化的完整性，各视数据之间还应有一定的重叠，这就引来一个被称为"多视拼合问题"。

目前，逆向工程中主要有 4 种曲面构造方案：一是以样条和 NURBS 曲面为基础的四边域曲面构造方案；二是以三角 Bezier 曲面为基础的三边域曲面构造方案；三是以平面片逼近方式来描述曲面物体；四是用神经网络来进行曲面重构。

（2）基于整个形体的实物逆向 CAD 模型重构。基于整个形体的实物逆向 CAD 模型重

构的研究是建立在断层扫描测量数据的基础上,其工作过程如下:

① 层析截面数据获取及其图像处理。

② 层面数据的二维平面特征识别。

③ 实体特征识别。

二、逆向工程常用软件

1. 逆向工程软件

伴随着逆向工程及其相关技术的理论研究的深入进行,其成果的商业应用也受到重视,而逆向工程技术应用的关键是开发专用的逆向工程软件。在专业的逆向工程软件出现之前,CAD 模型的重建都依靠于正向的 CAD,CAM,CAE 软件,如 UG,Pro/E 和 CATIA 等。由于逆向建模的特点,正向的 CAD/CAM/CAE 软件不能满足快速、正确的模型重建的需要,所以开发专用的逆向工程软件日显迫切。目前,市面上产品类型已达数十种之多,较具有代表性的有 EDS 公司的 Imageware、Raindrop Geomagic 公司的 Geomagic、Paraform 公司的 Paraform、DELCAM 公司的 CopyCAD 软件、MDTV 公司的 Surface Reconstruction、INUS Technology 公司的 Rapidform 等。

这里简单介绍一些应用比较广泛的专用逆向软件。

(1) Imageware 软件。Imageware 是著名的逆向工程软件,广泛应用于汽车、航空、消费家电、模具和计算机零部件等领域。Imageware 作为 UG 中专门为逆向工程设计的模块,具有强大的测量数据处理、曲面造型和误差检测的功能:可以处理几万至几百万的点云数据;根据这些数据构造的 A 级曲面具有良好的品质和连续性;其模型检测功能可以方便、直接地显示所构造的曲面模型与实际测量数据之间的误差以及平面度、圆度等几何公差。

起初,Imageware 主要应用于航空航天和汽车工业,因为这两个领域对空气动力学性能要求很高,在产品开发的开始阶段就要认真考虑空气动力性。常规设计流程首先根据工业造型需要设计出结构,制造出油泥模型然后将模型送到风洞实验室去测量空气动力学性能,再根据试验结果对模型进行修改,经过反复的修改直到获得满意结果为止,这样所得到的最终油泥模型才是符合我们需求的模型。将油泥模型的外形精确的输入计算机成为电子模型时,借助 Imageware 能方便地实现这种目的。

(2) CopyCAD。CopyCAD 是 DELCAM 公司的产品,是一个功能强大的"逆向工程"系统。利用 CopyCAD,用户可以快速编辑数字化数据,并能做出高质量的、复杂的表面。CopyCAD 能完全控制表面边界的选择,自动形成符合规定公差的平滑、多面块曲面,还能保证相邻表面之间相切的连续性。

其应用范围为从实物模型生成 CAD 模型,用于分析和工程应用;更新 CAD 模型以反映对现有零部件或样品的修改情况;将过去的模型存入 CAD 文件中,收集数据用于计算机显示和动画制作。

(3) Geomagic Studio。Geomagic Studio 是美国 RaindropGeomagic 软件公司推出的逆向工程软件。该软件是目前市场上对点云处理及三维曲面构建功能最强大的软件,从点云处理到三维曲面重建的时间通常只有同类产品的三分之一。利用 Geomagie Studio 可轻易地从扫描所得的点云数据创建出完美的多边形模型与网格,并可自动转换为 NURBS 曲面。该软件主要包括 Geomagic Qualify、Geomagic Shape、Geomagic Wrap、Geomagic Decimate、Geomagic Capture 等五个模块。

（4）Rapidform。Rapidform 是由韩国 INUS Technology 公司推出专业逆向系列软件。Rapidform 基于 3D 扫描数据点云来构建 NURBS 曲线、曲面和多边形网格,最终获得无缺陷、高质量的多边形或自由曲面模型。它提供各种工具用于精确的形状控制和转换,尤其对于工程运用,使最终的模型具有高精度的曲面。Rapidform 具有强大的多边形优化功能,能使用户构建任何需要的 3D 几何模型。多边形网格和 NURBS 曲面能被直接送入下游应用,如计算机动画、游戏和影视等。

2. 通用 CAD/CAM 系统

（1）UG。UG 软件源于航空业、汽车业,以 Parasolid 几何造型核心为基础,采用基于约束的特征建模为一体的复合建模技术。其曲面功能包含于 Free-form Modeling 之中,采用了 NURBS、B 样条、Bezier 数学基础,同时保留解析几何实体造型方法,造型能力较强。其曲面建模完全集成在实体建模之中,并可独立生成自由形状形体以备实体设计时使用。而许多曲面模型建模操作可直接生成或修改实体模型,曲面壳体、实体与定义它们的几何体完全相关。UG 软件实现了面与体的完美集成,可将无厚度的曲面壳缝合到实体上。总体上,UG 的实体化曲面处理能力是其主要特征和优势,其加工能力较强。曲面造型以 NURBS 为基础,支持雕塑曲面、直纹面、扫描曲面、列表柱面、等半径和不等半径倒圆曲面等多种曲面类型,进行曲面的修剪和拼接。几何造型采用完全特征化的参数和变量设计方法。

使用 UG 设计产品时最好使用手工采集的点,它的优点是点数少、轮廓分型较清晰、横竖扫描线使设计过程中查看数据比较直观。如果用非接触式采点会给设计者带来很多麻烦和局限,比如对电脑的配置要求、轮廓度的要求。UG 需要采集点数据的方式最好是接触式扫描。

（2）Pro/Engineer。Pro/Engineer 软件具有参数化、基于特征、全相关等特点,其曲面造型集中在 Pro/Surface 模块,曲面的编辑能力覆盖了曲面造型中的主要问题。主要用于构造曲面模型、实体模型,并且可以在实体上生成任意凹下或凸起物等。尤其是将特殊的曲面造型作为一种特征并入特征库中。Pro/Engineer 自带的特征库就含有如下特征:生成复杂拱形曲面;三维扫描外形;复杂的非平行或旋转混合;混合/扫描;管道等。该软件的曲面处理仅适合于通用的机械设计中较常用的曲面造型问题。

Pro/Engineer 设计需要的条件是三角面片,如果用接触式手工采点相对于非接触式的点少很多,不方便拟合三角面片或者拟合出来的效果不能达到所需的设计要求。所以采集点数据的方式最好是非接触式扫描。

3. 软件选型

目前,进行 CAD 模型的重建,有两种选择方案:一是基于正向的商品化 CAD/CAM/CAE 系统软件,如 UG、Pro/Engineer 和 CATIA 等;二是在正向 CAD 软件的基础上,配备专用的逆向造型软件,如 Imageware、Paraform 等。由于逆向 CAD 建模通常是由曲面到实体,对 CAD 系统的曲面、曲线处理功能要求较高。由于开发商的侧重点不同,正向 CAD 系统的曲线、曲面功能不能满足逆向工程的要求。在逆向工程初期,由于没有专用的逆向工程软件,只能选择一些正向的 CAD 系统来完成模型的重建,但由于正向软件功能的不足,只适合处理一些简单几何外形的曲面模型。为满足复杂曲面重建的要求,一些软件商在其传统 CAD 系统里集成了逆向造型模块,较有代表性的如 Pro/Engineer 和 Scan-Tools 模块,UG 中的 Point Cloud 功能等。应该说,这些通用 CAD/CAM 系统中集成的模块,自动化程度比较高,但功能尚显单一,仍跟不上应用的要求,在完成高精度(0.1mm)的项目、在点云质量不高和细节特征较多时,不能较好地完成任务。在根据特征划分点云方面还有待改进,人工控制能力也有待加强。

因此,应选用在正向 CAD 软件的基础上配置专用的逆向造型软件的选型方式。目前在市场上,尽管出现了多个与逆向工程相关的软件系统,但许多是采用以三角 Bezier 曲面为基础的曲面构造方法,如 Geomagic、Rapidform 等。尽管这些软件都提供了相应的把三角 Bezier 曲面转换为通用 CAD/CAM 软件采用的矩形域四边曲面模型表达方式(如 B-Spline、NURBS 形式)的模块,但是,在转换过程中不可避免地会丢失一些信息,产生一定的误差。同时,这类软件还存在着对曲面修改能力的不足、可控性差的缺点,这些都限制了它们在实践中的应用。而通用的 CAD/CAM 系统中的集成模块,功能还有待改进。因此,在逆向造型设计时,将正向 CAD 软件与逆向造型软件相结合是个很好的选择。

三、逆向造型软件 Geomagoc Studio 及工作流程简介

逆向造型软件 Geomagoc Studio 主要用来将扫描采集得到的点云数据或三角面片数据进行一系列处理,生成精确的 NURBS 曲面,并最终转换成 CAD 模型。主要功能包括:自动将点云数据转换为多边形(Polygons);快速减少多边形的数目(Decimate);把多边形转换为 NURBS 曲面;曲面分析(公差分析等);输出与 CAD/CAM/CAE 匹配的文件格式(IGES,STL,DXF 等)。

Geomagoc Studio 软件进行数据处理时主要有点云、多边形、曲面三大阶段。逆向造型过程中,一个阶段一个阶段地往下走,不同阶段对应的元素为下一阶段作准备。

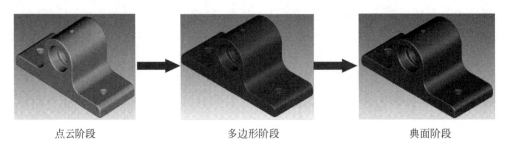

点云阶段　　　　　　　　　　多边形阶段　　　　　　　　　　典面阶段

图 4-3-6　Geomagoc Studio 软件数据处理三大阶段

三大阶段的功能分区简介如下。

（一）点云阶段

通过扫描仪采集的大量点数据称为点云。将点云（ASCII、TXT、IGES 等各种格式）导入 Geomagoc Studio 软件进行点云阶段的数据处理。主要功能有：处理不连贯跟偏远的点（体外孤点）；点处理（减少噪音和过滤）；点数据采样；注册合并多次扫描数据；点云封装成多边形对象。

（二）多边形阶段（STL）

经过点云阶段处理且封装的多边形对象进入多边形处理阶段。多边形阶段数据主要以三角面片的形式体现。该阶段数据处理的主要功能有：多边形分析；清除、删除钉状物和减少噪音；补孔；简化多边形；抽壳、偏置、合并、平均多边形对象；平面截面、曲线截面；网格医生；松弛、砂纸和去除特征；锐化向导；雕刻；优化和增强网格；边界线功能；曲线功能；布尔操作。

（三）曲面阶段

经过多边形阶段处理的数据可以根据实际情况转换成参数化 CAD 曲面或精确的 NURBS 曲面。

参数化曲面适用于具有平面、圆柱、圆锥、球等结构的工件。一旦将工件上各个面根据设计意图分类后，被选曲面类型被拟合到区域，并且以圆角、尖角或自由曲面结合连接。拟合曲面可作为 CAD 曲面输出。

精确的 NURBS 曲面适用于具有不规则曲面形状的工件。以四边曲面片的方法近似布局，精确呈现工件外形。NURBS 曲面能作为 IGES/STP 格式输出，并输入到任何 CAD/CAM 或可视化系统中。

Geomagic Studio 的工作流程如图 4-3-7 所示。

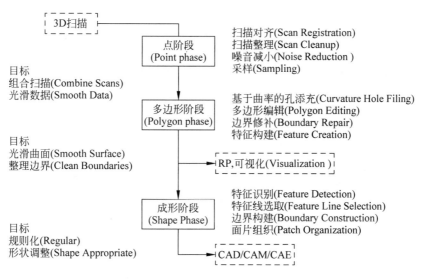

图 4-3-7　Geomagic Studio 工作流程

┌─────────────┐
│ **任务实施** │
└─────────────┘

1. 点阶段数据处理

图 4-3-1 所示为通过两个角度扫描零件得到的原始点云（无序点），需要把两个单独的扫描数据合并成一个单独的点对象，处理点云数据，然后封装成一个多边形对象。

STEP1 打开导入数据文件。单击"开始"引导卡，然后在"任务"列表中单击"打开" ![icon]。按住 Ctrl＋鼠标左键选择两个点云数据，单击"确定"来打开同一个文件夹里的多个文件。在打开/导入文件后两个点对象将自动被激活，在"模型管理器"中用 Ctrl＋鼠标左键来同时选择激活它们。

STEP2 在右侧工具栏单击"合适视图"图标![icon]，如图 4-3-8 所示。

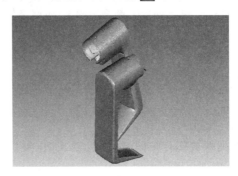

图 4-3-8　原始点云

STEP3 在 Ribbon 界面中选择"对齐"→"扫描拼接"→"手动注册"![icon]。

STEP4 在"定义集合"里面的"固定"列表中选择 Scan01，在"定义集合"里面的"浮动"列表中选择 Scan02。被选中的"固定"和"浮动"的点对象将出现在"固定"和"浮动"视窗中。旋转固定和浮动点对象到如图 4-3-9 所示方位。

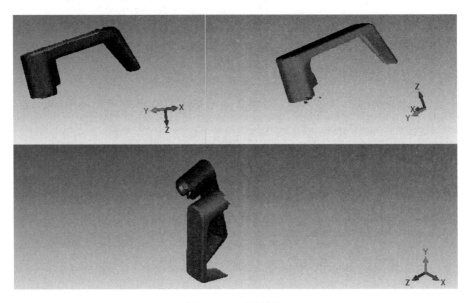

图 4-3-9　手动注册

STEP5 选择 1 点注册单选按钮。

STEP6 在"固定"(红色)和"浮动"(绿色)视窗中分别选择共同的一点。在这个例子中,零件前面的小凹下部分是两个点对象的公共部分,如图 4-3-10 所示。手动注册对齐时,关键是选择的点是在零件高曲率区域的相同点。如果不小心选择了错误的点,使用 Ctrl+Z 组合快捷键来撤销最后一次选择。

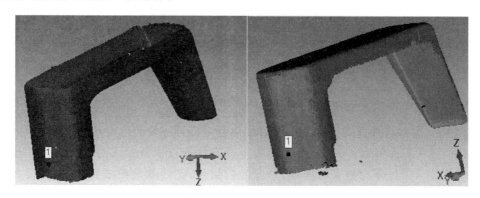

图 4-3-10 选择共同点

STEP7 当第二个点被选择时,软件将自动开始计算两个扫描数据进行对齐。如果两个点云相似并且你所选择的点相同,在底部视窗将显示注册结果,如图 4-3-11 所示。如果两个扫描数据对齐得不是很好但已经很接近了,可以尝试用"注册器"来精确对齐。如果它们离得很远,很有可能是你选择的点不对,请再试一遍。如果是这样,单击"取消注册"然后再开始这次流程。

图 4-3-11 注册结果

STEP8 当对此次注册满意后,单击"下一步"按钮。这样就是接受当前注册并把这两个扫描数据加入到一个组。

STEP9 全局注册。在 Ribbon 界面选择"对齐"→"扫描拼接"→"注册"→"全局注册" 。在打开的对话框中单击"应用"按钮。当两者的集合被找到或者是最大迭代次数运算完成时,注册命令终止。检查后,单击"确定"按钮来接受此次注册并退出对话框。

STEP10 合并点对象。在注册后,扫描数据虽然对齐了,但仍然是单独的。需要把它们合并成单一的数据对象。在 Ribbon 界面选择"点"→"合并"→"合并点对象" 。在打开的"合并点对象"对话框的"名称"文本框中输入"Handle"作为新的名称。同意"合并点对象"对话框的默认设置,单击"应用"按钮然后单击"确定"按钮退出对话框。合并结果如

图 4-3-12 所示。

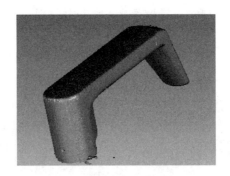

图 4-3-12　合并结果

STEP11　删除体外孤点 ⬚。首先,必须删除零件外部的离群点,这些离群点称为体外孤点。它们通常容易辨别,因为这些点远离主点云并不以你想保留的任何几何形状出现。通常出现体外孤点是因为数字转换器,如激光扫描仪,不注意地扫描到背景物体,如桌面、墙、支撑结构等。选择这些体外孤点并删除。如果不小心选择你不想删除的点,按住 Ctrl 键并拖动套索工具来取消选中。

STEP12　减少噪声 ⬚。在扫描或数字化过程中,噪声点经常地被引入到数据中。在曲面模型上粗糙的、非均匀的外表被看成是"噪声数据",原因可能是扫描设备的轻微震动、扫描仪测量直径误差或较差的实物表面。"减少噪声"(reduce noise)命令有助于使扫描中噪声点减少到最少,因而更好地表现真实的物体形状。但在使用这个命令时要根据实际情况进行合理的设置。使用适当时这个命令是一个非常强大的命令,如果使用不恰当将导致扫描数据变形。

STEP13　采样 ⬚。选择"统一采样"指令,如图 4-3-13 所示。在"由目标定义间距"下"点"文本框中输入点数目为 20000,设置"曲率优先"下面的数值,数值越大,高曲率区域点的密度越大。勾选"保持边界",单击"应用"按钮即可。处理后的最终点数据如图 4-3-14 所示。

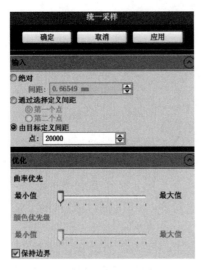

图 4-3-13　采样设置

图 4-3-14　最终处理结果

2. 多边形阶段数据处理

多边形对象或者网格是三角形的一个集合,三角形的顶点相互连接,这些顶点和原始点对象是一样的。在 Geomagic 中,如果多边形结构变化,原始点云的结果也会随着变化。高质量的多边形对于 CAD 曲面或者是 NURBS 曲面都是非常重要的。

STEP1 删除钉状物 。钉状物是像金字塔一样具有顶点的小的三角形组合,如图 4-3-15 所示。删除钉状物就是把顶点移动到周围的平均曲面上。平滑级别滑块可以控制移动的幅度。在 Ribbon 界面选择"多边形"→"平滑"→"删除钉状物"。接受默认平滑级别为 50,单击"应用"按钮。注意观察多边形对象的变化。移动平滑级别滑块到 35,然后单击"应用"按钮。同样观察变化,小的平滑级别设置将保护边界和圆角部分。

图 4-3-15 钉状物

STEP2 手动编辑。手动选择和删除一些不好的多边形对后续的修复很有帮助。在右侧工具栏选择"背面模式"来关掉它,使得在选择多边形时不会选到背面。单击选择工具,在多边形对象上选择图 4-3-16 所示部分然后删除。

STEP3 浮动三角形。没有与主体网格相连的三角形被称为非流线型三角形,这些三角形可以使用"开流形" 功能来删除。运行这个功能自动删除了浮动三角形。

图 4-3-16 手动选择

STEP4 网格医生 。"网格医生"能够探测到多边形的多种问题并且提供各种方法来修复,但不能修复所有的错误。使用该指令时要注意对边缘地方的保护。

STEP5　填充孔。该软件有两种填充孔的方法：全部填充和单个填充孔。全部填充就是填充所有的边界部分孔。填充单个孔则可以单独填充一个孔。可以在填充单个孔的时候改变填充类型和填充方法。

填充类型有曲率填充、切线填充、平面填充三种。

- 曲率填充：开始和结束都按照网格的曲率连接。
- 切线填充：开始和结束都和网格相切连接。
- 平面填充：按照平面填充。

填充方法，有内部孔、边界孔和搭桥三种。

内部孔：填充一个封闭的边界。

边界孔：填充所选两点包含的边界部分。

搭桥：从三角形的边缘到另一三角形的边缘。

STEP6　填充内部孔。选择"单个孔" ![icon]指令，激活"曲率填充"及"内部孔"。旋转视图如图 4-3-17 所示，把光标放置在边界附近，边界将变成红色。单击边界，这个孔将被填充上。用同样的方法填充其他内部孔。

STEP7　填充边界孔。选择"单个孔" ![icon]指令，激活"曲率填充"及"边界孔"。旋转视图如图 4-3-18 所示。单击，分别定义边界第一个点和第二个点，然后在红色边界区域里面单击填充这个区域。

图 4-3-17　填充单个孔

图 4-3-18　填充边界孔

用同样的方法填充工件上其他的边界孔。注意在填充之前应手动将杂散的多边形删除。

STEP8　检查网格。在修复操作完成以后，需要运行"网格医生"来检查网格。这样可以确保网格能够确实可行地应用于后面的步骤。选择"网格医生" ![icon]指令，在弹出的"网格医生"对话框中，单击"应用"按钮来处理任何发现的错误，单击"确定"按钮退出"网格医生"对话框。

处理后的多边形数据如图 4-3-19 所示。

3. 曲面阶段数据处理

曲面分为参数化曲面和精确曲面两种。参数化曲面是具有类似 CAD 的曲面和边界。多边形的区域可能是平或不平的，或圆柱的，参数平面应用到此区域，变成纯粹的平面或圆柱。通过分类区域为平面、圆锥、圆柱、球、放样、拉伸、自由曲面和扫掠，体现设计意图。一

图 4-3-19 最终处理数据

且被分类后,备选曲面类型被拟合到区域,并且以圆角、尖角或自由曲面结合连接。通过缝合曲面到一起或通过参数交换器,拟合曲面可作为 CAD 曲面输出。

精确曲面是较小的四边曲面片的集合体。要做成精确曲面的多边形对象,可以是开放的或封闭的对象。用一种近似的布局方法来分布四边曲面片,以呈现外形。多个分辨率网格的结构被放在每个曲面片上,并且每个曲面片被拟合成 NURBS 曲面。UV 参数化可以保证相邻的曲面片是全局连接的和 G1 连续的。所有曲面片边界和角(使用指定的除外)是相切连续的。NURBS 曲面能作为 IGES 128 文件输出,并输入到任何 CAD/CAM 或可视化系统中。

在创建满意的 NURBS 对象时,最重要的是得到一个好的曲面片结构。理想的结构是规则的、合适的形状,并且有效的。

- 规则的:每个曲面片近似是带四个角的矩形。
- 合适的形状:每个曲面片不能有特别明显的或多处曲率变化(肿块)。
- 有效的:模型包含了与前两个要求一致的最少量的曲面片。

曲面阶段流程如图 4-3-20 所示。

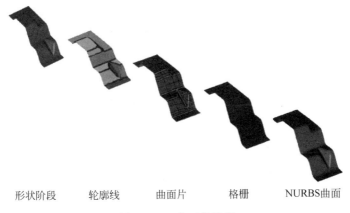

形状阶段　　轮廓线　　曲面片　　格栅　　NURBS曲面

图 4-3-20 曲面化流程

STEP1 探测轮廓线 ⬣。选择"精确曲面"→"轮廓线"→"探测"→"探测轮廓线"。默认的曲率敏感度值为 70.0,分隔符敏感度为 60.0。曲率敏感度(0.000～100.0)的值控制软件对曲率的敏感程度。低值定义较少的区域数量,高值划分更多的区域。可根据自己的需要改变曲率敏感度和分隔符敏感度的值。单击"计算"按钮,探测结果如图 4-3-21 所示。

在已探测轮廓线的基础上,可根据实际需要编辑分隔符。切换到右侧工具栏的"直线选择"工具 ，在"探测轮廓线"对话框中,更改选择工具尺寸为 10。参考图 4-3-22,单击点 A,并拖拉至点 B,使用直线工具,插入两段分隔符。

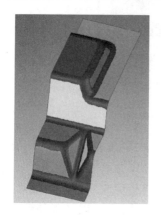

图 4-3-21　轮廓探测结果图

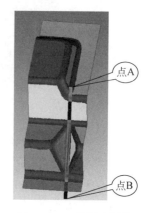

图 4-3-22　编辑分隔符

在零件的另一头,使用相同的方法,再创建两个分隔符,如图 4-3-23 所示。

在对话框的"轮廓线"中,更改"最小长度"为 25.0mm(见图 4-3-24)。这个值控制了被抽取轮廓线的最小长度。如果轮廓线短于此值,此线被收缩,或合并到相邻的轮廓线上。

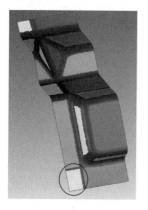

图 4-3-23　创建分隔符

图 4-3-24　抽取轮廓线

单击"抽取"按钮,在由分隔符定义的区域创建轮廓线,如图 4-3-25 所示。

如果抽取的效果不理想,可以单击"删除"按钮;继续编辑分隔符并再次抽取轮廓线。确定得到理想的轮廓线后,单击"确定"按钮,退出对话框。

STEP2　编辑轮廓线 。选择"精确曲面"→"轮廓线"→"编辑"→"编辑轮廓线"打开"编辑轮廓线"对话框。改变"段长度"为 15.0mm,单击"细分"按钮。结果如图 4-3-26 所示。细分指令中,段长度设置使用更大的值会把线拉直些。段长度控制了细分点的数量。较少的点可以简化编辑过程,并且后面当使用构造曲面片自动评估创建的曲面片数量也随之减少。

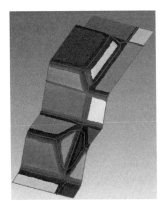

图 4-3-25　抽取的轮廓线

图 4-3-26　细分轮廓线

下面将使用绘制和收缩功能(见图 4-3-27)编辑轮廓线。

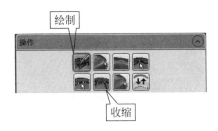

图 4-3-27　绘制和收缩功能

单击"收缩"图标,激活收缩功能。当图标的背景是橘黄色时,说明此功能被激活了。收缩操作删除了被选轮廓线段,合并两端的红色控制点如图 4-3-28 所示。

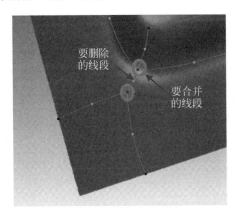

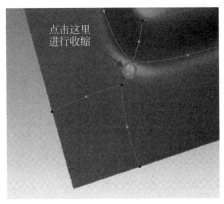

图 4-3-28　绘制和收缩功能

继续使用收缩功能来删除轮廓线网络中的任何其他短的线段。完成后的轮廓线网络如图 4-3-29 所示。

编辑轮廓线的"绘制"功能有多种操作,主要的功能是创建和编辑轮廓线和轮廓线标记。为了移动轮廓线标记(黄色或红色),放置光标在标记上,出现方框,表明捕捉到标记点了。在轮廓线标记上单击并拖拉至新的位置(见图 4-3-30)。使用同样的方法编辑其他轮廓线,使

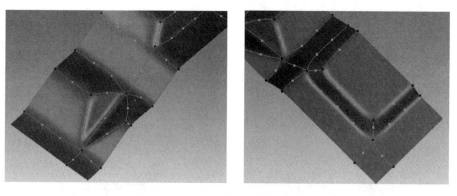

图 4-3-29　完成收缩后的轮廓线网络

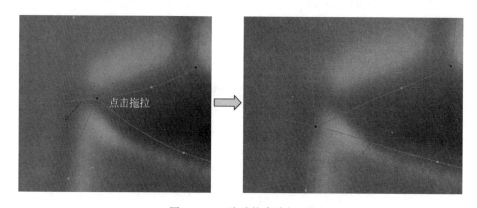

图 4-3-30　移动轮廓线标记

线段直些和/或重新布置标记位置。完成后,控制网格近似于图 4-3-31。

图 4-3-31　完成"绘制"后的网格

　　在完成轮廓线网格的编辑后,检查问题。单击"排查"下的"检查问题"按钮。如果出现问题,问题标记将出现在图形区的轮廓线网格上,并且在对话框的"检查"里统计数量。使用"检查"下的"向前"/"向后"按钮,将前进或退回到问题列表中的问题。到分析每个问题时,在图像区,软件将自动指向问题所在的位置。

　　典型的轮廓线问题包括重叠、相交、小区域、度数 1 或度数 2、无效。解决问题后,再次单击"检查问题",若无问题发现,单击"确定"按钮,退出"编辑轮廓线"对话框。

STEP3 构造曲面片 ▦。选择"精确曲面"——"曲面片"——"构造曲面片"。打开"构造曲面片"对话框,在"曲面片计数"选项下,设置目标曲面片计数为110。曲面片计数也可以默认选项"自动估计",此设置适合多数案例。不过,自行设置目标曲面片计数值有助于创建更好的曲面片网络。单击"应用"按钮,曲面片网络被创建,如图 4-3-32 所示。单击"确定"按钮,退出对话框。

STEP4 移动面板 ▦。每个以轮廓线(包括紫色边界)为边界的区域叫做面板。移动面板意味着重新组织面板结构。如图 4-3-32 所示圈选的面板,在面板的底下这条边有 4 条路径,在面板的上端这条边有两条路径。移动的目的是均衡面板间的曲面片路径的数量。

选择"精确曲面"→"曲面片"→"移动"→"移动面板"打开"移动面板"对话框,在"操作/类型"下选择"定义",再单击图 4-3-32 所示圈选的面板,曲面片网络将变成白色,表明它已被选中,如图 4-3-33 所示。

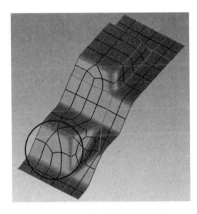
图 4-3-32 创建曲面片网络

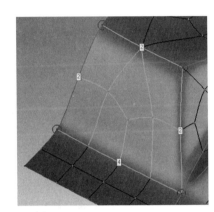
图 4-3-33 定义面板

在"操作/类型"下选择"添加/删除 2 条路径",单击面板上方显示数字 2 的边,此操作将在面板上方的边上增加两条路径。这时,此面板上、下边数字均为 4,左、右边数字均为 2,如图 4-3-34 所示。单击"执行"按钮,面板内的曲面片将重新组织成你指定的路径,如图 4-3-35 所示。单击"下一个"按钮,接受移动后的面板。

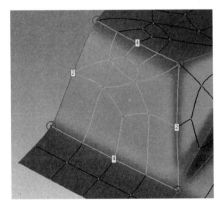
图 4-3-34 添加/删除 2 条路径

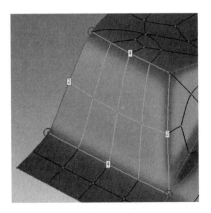
图 4-3-35 重新填充面板

单击"下一个"按钮后，操作自动切换到"定义"选项，等得指定另一个面板进行移动。单击相邻的面板（见图 4-3-36），"类型"下选择"格栅"选项。面板将被认为是格栅，角点将改变，并且路径数量将随之改变，反映新的曲面片类型。

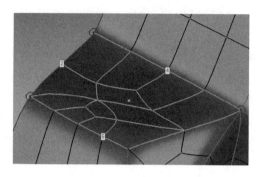

图 4-3-36　指定相邻面板

选中面板上的绿色圈圈表明当前角点位置，选中后变成红色。红色表明圈圈被锁住。光标旁有个数字，当选择了角点后，数字会改变。当数字变成 5，说明已经定义了四边面板的全部 4 个角点，如图 4-3-37 所示。

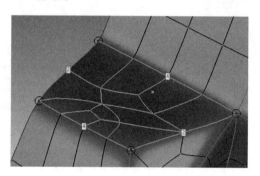

图 4-3-37　定义相邻面板

单击"执行"按钮，移动面板，如图 4-3-38 所示。

用同样的方法填充其他面板，最终得到的曲面片网络如图 4-3-39 所示。

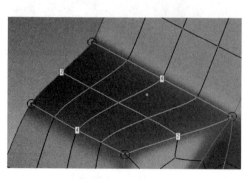

图 4-3-38　填充相邻面板

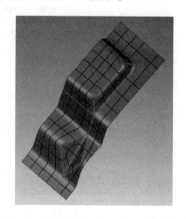

图 4-3-39　完成"移动面板"后的曲面片网络

STEP5 构造格栅 。格栅是 U/V 网络,从底层的三角网格面定义了细节数量。格栅定义应用于每个曲面片,曲面片之间是 G2 连续。选择"精确曲面"→"格栅"→"构造格栅"打开"构造格栅"对话框,更改"选项"下的"分辨率"值为 14。分辨率控制了格栅线的数量($n \times n$),被应用到每个曲面片。较高的数值,为曲面拟合细节操作,获取更多的细节。这将创建更加精确的曲面。勾中"修复相交区域",将尽量修复由底层曲面片布局或三角网格面引起的相交问题。单击"应用"按钮,在曲面片网络内生成格栅网络,如图 4-3-40 所示。

图 4-3-40 构造格栅后的曲面片

应用格栅网络后,扭曲或自相交的格栅将变成红色。如果有红色格栅,必要时,单击"取消",并修复曲面片布局,排除尖角(较小的曲面片角度),然后重新构造格栅。

单击"确定"按钮,退出"构造格栅"对话框。

必要时,可对格栅网络进行松弛。选择"精确曲面"→"格栅"→"修补"→"松弛格栅"打开"松弛格栅"对话框,在"操作"下选择"松弛"选项,在"类型"下选择"在曲面上",单击"应用"按钮,格栅网络将被松弛,如图 4-3-41 所示。

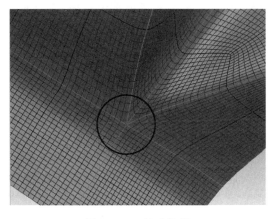

图 4-3-41 松弛格栅

STEP6 拟合曲面 ![icon]。使用"拟合曲面"指令可以在面板/曲面片/格栅网络上创建精确曲面（NURBS 曲面），有两种曲面拟合方式：适应性拟合和常数拟合。"适应性"拟合使用基于几何曲率的可变控制点（格栅顶点）数量，来拟合曲面。适应性拟合输出时能生成更小的文件，因为它尽可能使用最少的控制点数量。这一选项比较适用于 CAM 系统。"常数"拟合对每个曲面片使用固定的控制点。这样会得到基于底层格栅网络的紧密的拟合曲面，并增大文件尺寸。这一选项比较适用于 CAD 系统。

根据图 4-3-42 所示对参数进行设置。单击"应用"按钮，拟合曲面，如图 4-3-43 所示。

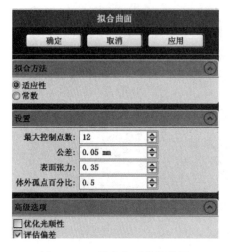

图 4-3-42　拟合曲面参数设置

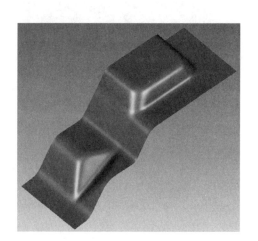

图 4-3-43　拟合曲面结果

在"统计"下查看偏差信息，注意"最大偏差"超出了"设置"下指定的公差值。更改下列值将获得更好的拟合效果："公差值"，"最大控制点数"，增加底层网格网络的密度，或使用"常数"拟合方式。

在"拟合方法"下选择"常数"选项。设置"最大控制点数"为 12，"表面张力"为 0.35，单击"应用"按钮。常数拟合方式将使用所有格栅顶点来拟合 NURBS 曲面。

STEP7 拟合曲面 ![icon]。曲面片能被合并成更大区域，简化曲面数据，导出到其他 CAE 软件中。为了合并曲面，两个条件必须满足：曲面必须使用常数拟合方法拟合；仅有四边曲面片布局能被合并。选择"精确曲面"→"曲面"→"合并曲面"→"自动的"指令，单击"应用"按钮，形成四边布局的曲面片将自动合并成单个曲面。可以看到，该零件合并曲面片后，曲面片的数量从 120 个减少至 23 个。

STEP8 偏差分析 ![icon]。为了执行已拟合曲面的偏差分析，选择"精确曲面"→"分析"→"偏差"指令。在"色谱"下，设置"最小/最大临界值"为 0.1/-0.1mm，设置"最大/最小名义值"为 0.05/-0.05mm。单击"应用"按钮，生成偏差色谱分析图，如图 4-3-44 所示。

STEP9 输出 NURBS 曲面。一旦在模型上做了 NURBS 曲面，就可以导出曲面数据到 CAE 软件中。在"模型管理器"的曲面对象上右击，在弹出的快捷菜单中选择"另存为IGES 文件"就可以导入其他 CAE 软件了。

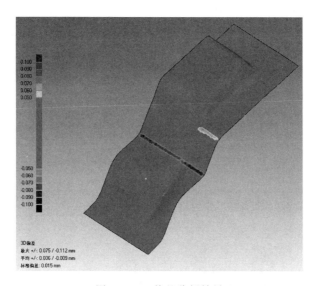

图 4-3-44 偏差分析结果

任务评价

完成本任务布置的相关题目,根据操作评价表中的内容进行自我评价和同学互评。

序号	评价内容	😊	😐	😞
1	点阶段数据处理			
2	多边形阶段数据处理			
3	曲面阶段数据处理			

归纳梳理

- 本任务中学习了逆向工程三维建模的相关知识;
- 了解逆向工程三维建模的流程;
- 了解逆向工程三维建模的常用软件;
- 能利用 Geomagic Studio 软件进行物体的逆向建模;
- 重点掌握点阶段、多边形阶段、曲面阶段数据处理的方法。

巩固练习

1. 对图 4-3-45 所示点数据进行拼接,通过合并得到一个完整的数据对象。

2. 对图 4-3-46 所示多边形对象进行修复,并将三角形数目减少至 150000 左右。

3. 在精确曲面中,手动布局图 4-3-47 所示多边形数据,生成 NURBS 曲面并进行偏差分析。

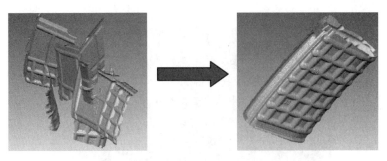

图 4-3-45　点阶段练习数据

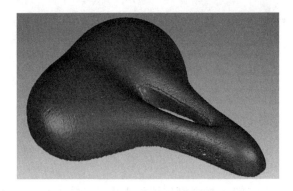

图 4-3-46　多边形阶段练习数据

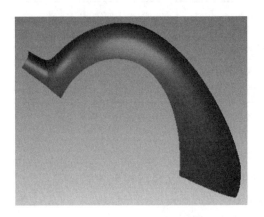

图 4-3-47　曲面阶段练习数据

任务 4.4　逆向造型实例

任务目标

- 进一步熟练掌握逆向造型各阶段的数据处理方法；
- 能利用 Geomagic Studio 软件对扫描数据进行逆向造型。

任务内容

1. 图 4-4-1 所示为利用手持式激光扫描仪扫描得到的玩具小鸭的扫描数据，对其进行处理并完成玩具小鸭的逆向造型过程。

图 4-4-1　玩具小鸭扫描数据

任务分析

由于玩具小鸭体积较小，扫描时是放置在粘贴有定位点的平板上进行的。要想得到完整的扫描数据，需至少扫描两个方向的数据，在软件中进行拼接处理。由于玩具小鸭的扫描数据为三角面片数据，故直接从多边形阶段开始处理。逆向造型过程应结合本模块任务 4.3 中所学知识，从多边形阶段到曲面阶段，最后生成 CAD 模型。

相关知识

逆向工程数据处理的关键技术在于：多视拼合、噪声去除、数据简化、数据补缺。

1. 多视拼合

无论是接触式或非接触式的测量方法，要完成样件所有表面的数据采集，必须进行多方位采集，数据处理时就涉及到了多视拼接技术，通常处理技术是：

（1）对从不同视角测量的样件数据确定一个合适的坐标变换方法进行拼接。

（2）将从各个视图得到的点集合并到一个公共的坐标系下，从而得到一个完整的模型。

（3）在样件上贴固定球作为识别标签。根据每个视角观察的三个或三个以上不共线的标签来对数据进行拼合。

2. 噪声去除

在测量过程中，由于环境变化和其他人为的因素，数据点不可避免地会存在噪声，有必要对数据点进行去噪滤波。数据滤波通常采用标准高斯、平均和中值滤波方法。

（1）对于规则的数据点集，如激光扫描设备测量的单张数据呈点阵排列，采用滤波方法实现。

（2）对散乱的数据点集，如多视拼合后的点云，就必须先建立数据点间的邻接关系。各种滤波方法都是解决消除噪声点而又保证零件的棱、角等特征不光滑的问题。

3. 数据简化

当测量数据的密度很高时,如光学扫描设备常采集到几十万、几百万甚至更多的数据点,存在大量的冗余数据,严重影响后续算法的效率,因此需要按一定要求减少测量点的数量。不同类型的点云可采用不同的简化方法,对规则点云处理技术采取等间距均匀简化、倍率简化、等量简化、弦偏差简化等方法。

4. 数据补缺

由于被测实物本身的几何拓扑原因或者是受到其他物体的阻挡,会存在部分表面无法测量、采集的数字化模型存在数据缺损的现象,因而需要对数据进行补缺。例如,深孔类零件就无法测全。在测量过程中,常需要一定的支撑或夹具,模型与夹具接触的部分,就无法获得真实的坐标数据。用于数据拼合的固定球和标签处的数据也无法测量,需要采用数据补缺技术。

（1）利用周围点的信息插值出缺损处的坐标,找到数据点间一定的拓扑关系。

（2）对三角化后的网格模型进行补缺,对三角网格模型中接近于平面多边形的孔洞进行修复。

（3）通过截平面族与孔洞周围网格模型的相交和 B 样条曲面插值,解决修复部分与整体曲面的光滑连接问题。

（4）用扩散法在等值面上插入新的数据,实现三角网格模型的复杂孔洞边界的数据补缺。

任务实施

STEP1 删除杂散数据。将两个方向的扫描数据导入 Geomagic Studio 软件中,定位视图到合适的方向,选择杂散数据,将其删除。必要时可使用"开流形 ▓"指令。删除后得到的数据如图 4-4-2 所示。

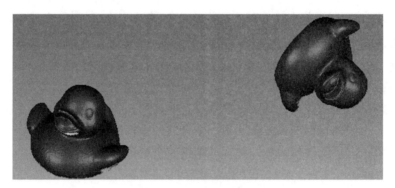

图 4-4-2　删除杂散数据

STEP2 数据拼接。选择"对齐"→"手动注册"指令,在"定义集合"里面的"固定"列表中选择"下",在"定义集合"里面的"浮动"列表中选择"上"。被选中的"固定"和"浮动"的多边形对象将出现在"固定"和"浮动"视窗中,如图 4-4-3 所示。选择"n 点注册"(此处也可使用"1 点注册",但要保证两个数据的视图方位一致),在两个扫描数据中分别选择几组相同的特征点,并同时观察数据拼接情况。当两组数据重叠部分形成红绿均匀相间的颜色时,说明两组数据已很好地拼接。单击"下一个"按钮,"确定"按钮退出对话框。

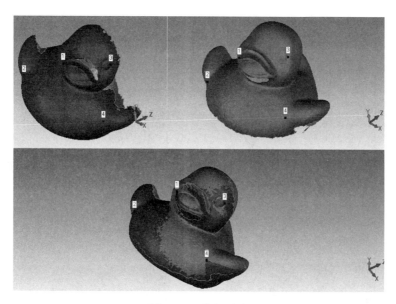

图 4-4-3　数据拼接

为了提高数据拼接的精确度,选择"全局注册"指令,单击"应用"并"减少重叠",得到更精确的拼接数据,如图 4-4-4 所示。

STEP3　合并数据 ▲。选择"多边形"→"合并"指令,打开"合并"对话框保持默认设置,单击"确定"按钮,将两个拼接好的数据合并成一个数据,如图 4-4-5 所示。

图 4-4-4　拼接后的数据

图 4-4-5　合并后的数据

STEP4　多边形阶段数据处理。由于扫描数据并不是十分理想,合并后的数据还需经过进一步处理才能进入到曲面阶段。可根据实际情况,选用"网格医生"、"填充孔"、"减少噪音"、"快速光顺"、"砂纸"、"开流形"、"简化"等指令,将玩具小鸭的三角面片数据处理好,以方便后续造型。图 4-4-6 所示为处理完成的三角面片数据。

STEP5　探测、抽取轮廓线。选择"精确曲面"指令,进入曲面阶段数据处理。探测、编辑轮廓线,如图 4-4-7 所示。抽取、编辑轮廓线,如图 4-4-8 所示。

STEP6　构造曲面片。选择"构造曲面片"指令,构造曲面片,如图 4-4-9 所示。

图 4-4-6　处理好的三角面片数据

图 4-4-7　探测轮廓线

图 4-4-8　抽取轮廓线

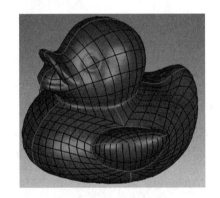

图 4-4-9　构造曲面片

STEP7　构造格栅。选择"构造格栅"指令,构造格栅,如图 4-4-10 所示。

STEP8　拟合曲面。选择"拟合曲面"指令,生成 NURBS 曲面,如图 4-4-11 所示。

STEP9　合并曲面。选择"合并曲面"指令,减少曲面数。

图 4-4-10　构造格栅

图 4-4-11　拟合曲面

任务评价

完成本任务布置的相关题目,根据操作评价表中的内容进行自我评价和同学互评。

序号	评价内容	☺	😐	☹
1	点阶段数据处理			
2	多边形阶段数据处理			
3	曲面阶段数据处理			

归纳梳理

■ 本任务中学习了利用 Geomagic Studio 软件进行逆向造型的实例;
■ 造型中,培养根据实际情况处理各阶段数据的能力。

巩固练习。

图 4-4-12 所示为海宝模型的扫描数据,对其进行处理并完成海宝模型的逆向造型过程。

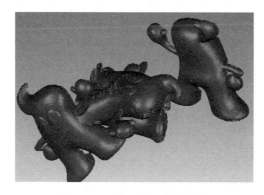

图 4-4-12 海宝模型扫描数据

模块5

快速成型技术

快速成型(Rapid Prototyping,RP)是 20 世纪 80 年代末期开始商品化的一种高新制造技术,是一种集计算机辅助设计(CAD)、计算机辅助制造(CAM)、计算机数字控制(CNC)、激光、精密伺服驱动、新材料等先进技术于一体的加工方法。

RP 技术是借助计算机辅助设计或由实体逆向方法取得原型或零件几何形状,进而以此建立数字化模型,再利用计算机控制的机电集成制造系统。逐点、逐面地进行材料"三维堆积"成型,再经过必要的后处理,使其在外观、强度和性能等方面达到设计要求,达到快速、准确地制造原型或实际零件的方法。

任务 5.1 快速成型技术概述

任务目标

- 了解快速成型技术的发展;
- 掌握快速成型技术的工作原理及特点;
- 了解快速成型技术的应用领域;
- 掌握几种典型 RP 工艺的原理及特点;
- 了解快速成型技术的发展趋势。

任务内容

1. _____技术是近年来发展起来的直接根据 CAD 模型快速生产样品或零件的成组技术总称,它集成了 CAD,CAM 技术、激光技术和材料技术等现代科技成果,是先进制造技术的重要组成部分。

2. _____加工方法是在物体上根据产品外形要求进行切削铣,钻孔等"_____"操作。而_____技术与传统加工工艺最大的区别是用_____原理制造三维实体零件,是"_____"操作。

3. 快速成型技术在_____、_____、_____、_____、_____、　_____、工艺品等行业都有广泛的应用。

4. 简述快速成型技术的加工原理。

答：

5. 简述快速成型的基本方法。

答：

6. 简述快速成型的技术特点。

答：

7. 列举几种常见的 RP 工艺并简述其工艺原理与优缺点。

答：

任务分析

快速成型技术与传统的加工技术有本质的区别。学习快速成型的相关知识时,应结合基本概念的学习,理解不同工艺 RP 技术的成型原理,快速成型技术的应用范围等知识。

相关知识

一、快速成型技术概述

快速成型(Rapid Prototyping,RP)技术是近年来发展起来的直接根据 CAD 模型快速生产样品或零件的成组技术总称,它集成了 CAD/CAM 技术、激光技术和材料技术等现代科技成果,是先进制造技术的重要组成部分。与传统制造方法不同,快速成型从零件的 CAD 几何模型出发,通过软件阶梯化微分和数控模拟系统,用激光束或其他方法将材料堆积而形成实体零件。由于它把复杂的三维制造转化为一系列二维制造的叠加,因而可以在不用模具和工具的条件下生成大量复杂的零部件,极大地推进了研发效率和制作柔性。

RP 制造是当今世界上发展最快的制造技术,该技术由最初的发展期步入成熟期,虽然其发展速度有所减缓,但近年来 RP 新工艺、新装备仍是最活跃的领域。RP 制造的主流工艺有:美国 3D SYSTEM 的立体光刻(SLA),美国 Helisys 的分层实体制造(LOM),德国 ESO 的选择性激光烧结(SLS),美国 Stratasys 的熔融堆积成形(FDM),美国 MIT-Z 的三维打印(3-DP)。其中对 RP 发展具有里程碑意义的 3D SYSTEM 公司,已由最初的 SLA—1 发展到最新的 SLA-5000 System、SLA-7000 System、Viper™ Pro SLA system。目前 SLA 的精度可以达到±25μm。

我国 RP 研究工作起步于 20 世纪 90 年代初。早期以技术引进为主,至今我国已有数十家企业或机构从国外引进 RP 机器,加快了企业的新产品开发,取得了巨大的经济效益。

我国最早在 RP 技术方面开展工作的单位有清华大学、西安交通大学、华中理工大学和北京隆源自动成形系统有限公司。这些单位早期在开发系统设备方面各有侧重。其中,清华大学以 FDM 和 LOM 为主,西安交通大学则是 SLA,北京隆源自动成形系统有限公司为 SLS,而华中理工大学主要为 LOM。

华中理工大学从 1991 年开始,在政府的支持下开始进行 RP 技术研究。1994 年开发成功 LOM 样机。到 1997 年就向市场推出商品化的 LOM 成型设备。目前,该单位已对 LOM 设备进行了系列化的开发,同时还成功地推出商品化的 SLS 设备。该校还利用覆膜技术快速制造铸模,翻制出了铝合金模具和铸铁模块。

西安交通大学多年来一直致力于 SLA 的成型材料和设备的国产化,并因此获 2000 年度国家科技进步二等奖和教育部科技进步一等奖。

清华大学于 1992 年引进了 SLA2250 光固化成形设备,成立了激光快速成型中心。从此该校在 RP 成形理论、工艺方法、设备、材料、软件等方面做了大量的研究开发工作。该校研制出的世界上最大的 LOM 双扫描成形机,已提供给国内的汽车制造企业;研制成功的多功能快速造型系统 MRPMS 已打入国际市场;自主开发的大型挤压喷射成形 RP 设备 SSM21600SSM 成型尺寸已达 $1600mm\times800mm\times750mm$,也居世界之首。清华大学企业集团下属的 RP 专业公司北京殷华公司的产品不仅占据国内市场的一定份额,而且进入国际市场,销售到泰国、香港、韩国等地并得到了好评。

目前,部分国产 RP 设备已接近或达到美国公司同类产品的水平,价格却便宜得多,材料的价格更加便宜。我国已初步形成了 RP 设备和材料的制造体系。近年来,在国家科学技术部的支持下,我国已在深圳、天津、上海、西安、南京、重庆等地建立一批向企业提供 RP 技术的服务机构,并开始起到了积极的作用,推动了该技术在我国的广泛应用。使我国 RP 技术的发展走上了专业化、市场化的轨道,为国民经济的发展作出了贡献。

二、快速成型技术的工作原理

1. 工作原理概述

传统加工方法是在物体上根据产品外形要求进行切削铣,钻孔等"减"操作。而快速成型技术与传统加工工艺最大的区别是用材料堆积原理制造三维实体零件,是"加"操作。

快速成型的加工原理是依据计算机设计的三维模型(设计软件可以是常用的 CAD 软件,例如 SolidWorks、Pro/E、UG、POWERSHAPE 等,也可以是通过逆向工程获得的计算机模型),进行切片处理,逐层加工,层叠增长。它是将复杂的三维实体模型"切"(Spice)成设定厚度的一系列片层(见图 5-1-1),从而变为简单的二维图形,层层叠加而成。

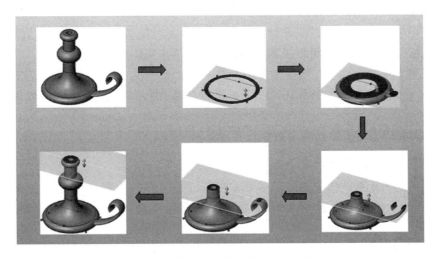

图 5-1-1　快速成型技术的"切片处理"

2. 快速成型的基本方法和步骤

(1) 三维 CAD 模型的构建。

① 利用 Pro/E、SolidWorks、UG、CATIA 等三维软件设计零件的三维 CAD 模型。

② 逆向设计方法通过已有的物理模型进行激光扫描,或者坐标测量仪器(CMM),得到点云数据后,也能创建相应的三维模型。

（2）CAD 模型的离散，近似处理。由于实体造型往往有一些不规则的自由曲面，加工前要对模型进行近似处理，比如曲线是无法完全实现的，实际制造时需要近似为极细小的直线段来模拟，以方便后续的数据处理工作（见图 5-1-2）。由于 STL 文件格式简单实用，目前已经成为快速成型领域的最常用的文件标准，用以和设备进行对接。它将复杂的模型用一系列的微小三角形平面来近似模拟，每个小三角形用 3 个顶点坐标和一个矢量来描述，三角形大小的选择则决定了这种模拟的精度。

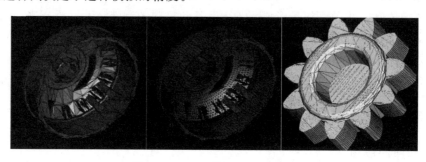

图 5-1-2　CAD 模型的近似处理

（3）CAD 模型的分层处理，对 STL 文件切片处理。需要依据被加工模型的特征选择合适的加工方向，比如应当将较大面积的部分放在下方。随后成型高度方向上用一系列固定间隔的平面切割被离散过的模型，以便提取截面的轮廓信息。间隔可以小至亚毫米级，间隔越小，成型精度越高，但成型时间也越长。无论零件形状多么复杂，对每一层来说却是简单的平面矢量扫描组，轮廓线代表了片层的边界。

（4）成型加工。根据切片处理的截面轮廓，在计算机控制下，相应的成型头（根据设备的不同，分别为激光头或喷头等）进行扫描，在工作台上一层一层地堆积材料，然后将各层粘结（根据工艺不同，有各自的物理或者化学过程），最终得到原型产品。

（5）成型零件的后处理。对于实体中上大下小的部分，一般会设计多余的部分去支撑，把这些废料去除是必需的。另外还可能需要进行打磨、抛光、涂上油漆，或在高温炉中烧结以提高强度。

图 5-1-3 所示为快速成型技术原型制作流程图。

3. 快速成型的技术特点

（1）可生成高复杂度的产品。产品制造过程几乎与零件的复杂程度无关，相比传统制造方式（如铸造），使用快速成型技术可以制作出外形极为复杂的产品，对于传统工艺来说，一些特殊的形状无法完成。

生产过程数字化，与 CAD 模型具有直接的关联，零件可大可小，所见即所得，可随时修改，随时制造。

（2）RP 技术是计算机、数控、激光、材料和机械等技术的综合集成。CAD 技术通过计算机进行精确的离散运算和繁杂的数据转换，实现零件的曲面或实体造型，数控技术为高速精确的二维扫描提供必要的基础，这又是以精确高效堆积材料为前提的，激光器件和功率控制技术使材料的固化、烧结、切割成为现实。快速扫描的高分辨率喷头为材料精密堆积提供了技术保证。

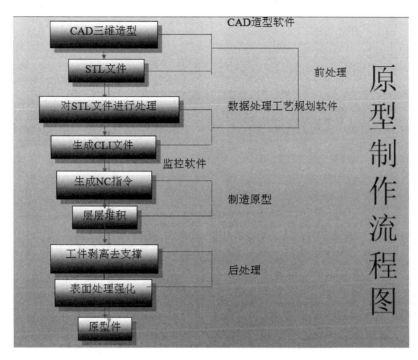

图 5-1-3　原型制作流程图

（3）固定的制造成本。传统的模型制作往往先需要模具,需要耗费大量时间,且模具的制造成本往往较高。快速成型技术的单个成品制作成本往往高于使用模具进行批量生产的平均成本,但是无须模具的一次性投资,对于只需要小规模生产的情况（比如在新产品开发中的设计模型）,使用快速成型技术可以降低成本。

（4）快速原型零件制造从 CAD 设计到原型（或零件）的加工完毕,只需几个小时至几十个小时,复杂、较大的零部件也可能达到几百小时,但从总体上看,速度比传统的成型方法要快得多,尤其适合于新产品的开发。RP 技术已成为支持并行工程和快速反求设计及快速模具制造系统的重要技术之一。

三、快速成型技术的应用领域

快速成型技术在汽车行业、通信行业、铸造领域、家用电器、动漫、医疗、工艺品等行业都有广泛的应用,如图 5-1-4～图 5-1-10 所示。

四、几种典型的 RP 工艺

随着 CAD 建模和光机电一体化技术的发展,RP 技术的工艺方法发展很快,按照所用材料的形态与种类不同。目前投入应用的已有十余种工艺方法。其中发展较为成熟的主要有以下 5 种类型：光固化成型（SLA）、分层实体制造（LOM）、粉末材料选择性激光烧结（SLS）、丝状材料选择性熔融沉积（FDM）、3D 打印（3DP）工艺。

(a) 概念型汽车

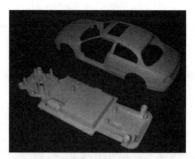
(b) 汽车模型

(c) 汽车音像面板

(d) 汽车进气口和门把手

图 5-1-4　快速成型技术在汽车行业的应用

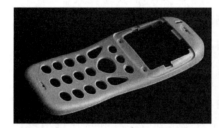

图 5-1-5　快速成型技术在通信行业的应用

图 5-1-6　快速成型技术在铸造行业的应用

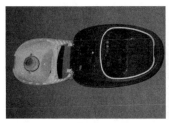

图 5-1-7　快速成型技术在家电行业的应用

图 5-1-8　快速成型技术在动漫卡通行业的应用

1. 光固化成型（SLA）

（1）光固化成型（SLA）的基本原理。SLA 技术是基于液态光敏树脂的光聚合原理工作的。这种液态材料在一定波长和强度的紫外光（如 $\lambda=325nm$）的照射下能迅速发生光聚合反应，分子量急剧增大，材料也就从液态转变成固态。SLA 工艺方法是目前快速成型技术领域中研究最多的方法，也是技术上最为成熟的方法。

光固化成型（SLA）的工艺原理如图 5-1-11 所示。液槽中盛满液态光固化树脂，激光束在偏转镜作用下，能在液态表面上扫描，扫描的轨迹及光线的有无均由计算机控制，光点打到的地方，液体就固化。

成型开始时，工作平台在液面下一个确定的深度，聚焦后的光斑在液面上按计算机的指令逐点扫描，即逐点固化。当一层扫描完成后，未被照射的地方仍是液态树脂，然后升降台带动平台下降一层高度，已成型的层面上又布满一层树脂，刮平器将黏度较大的树脂液面刮平，然后再进行下一层的扫描，新固化的一层牢固地粘在前一层上，如此重复直到整个零件制造完毕，得到一个三维实体模型。采用这种方法成型的零件有较高的精度且表面光洁，但可用材料的范围较窄。

（2）光固化成型（SLA）的优点。

① 尺寸精度高。

② 表面质量较好。

③ 可以制作结构十分复杂的模型。

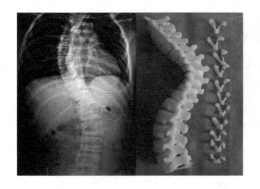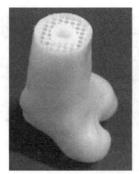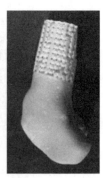

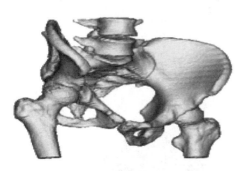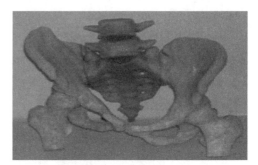

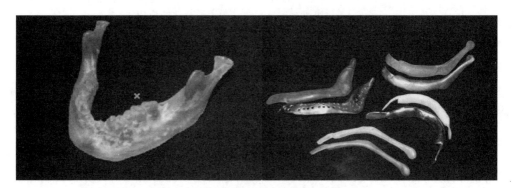

图 5-1-9　快速成型技术在医疗行业的应用

图 5-1-10　快速成型技术在工艺品行业的应用

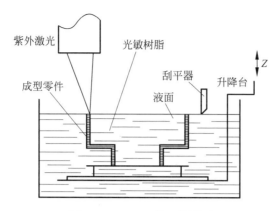

图 5-1-11　SLA 的工艺原理

④ 可以直接制作面向熔模精密铸造的具有中空结构的消失型。

（3）光固化成型（SLA）的缺点

① 尺寸稳定性差。

② 需要设计成型件的支撑结构，否则会引起成型件变形。

③ 设备运转及维护成本较高。

④ 可使用的材料种类较少。

⑤ 液态树脂具有气味和毒性，并且需要避光保护，以防止其提前发生聚合反应，选择时有局限性。

⑥ 需要二次固化。

⑦ 液态树脂固化后的性能不如常用的工业塑料，一般较脆、易断裂，不便进行机加工。

（4）光固化成型（SLA）的后处理。

① 当原型在激光成型系统中生成后，工作台升出液面，停留 5～10min，以晾干多余的树脂。

② 用工业酒精和丙酮对树脂原型表面和型腔内部进行清洗，尤其需要将内部未排干的树脂清洗干净。

③ 从工作台上取出原型，去除原型表面的支撑。

④ 由于原型中尚有部分未完全固化的树脂，清洗过的原型必须放在后固化装置的转盘上进行完全固化，以满足所要求的机械性能。

⑤ 由于原型是逐层固化的，所以还需要对原型表面光整处理，对加支撑的部位进行打磨修剪，降低原型表面粗糙度，对要求较高的原型还需进行喷砂处理。

2. 分层实体制造（LOM）

（1）分层实体制造（LOM）的基本原理。LOM 工艺采用薄片材料，如纸、塑料薄膜等。其工艺原理如图 5-1-12 所示。片材表面事先涂覆上一层热熔胶。加工时，热压辊热压片材，使之与下面已成型的工件粘接；用 CO_2 激光器在刚粘接的新层上切割出零件截面轮廓和工件外框，并在截面轮廓与外框之间多余的区域内切割出上下对齐的网格；激光切割完成后,升降台带动已成型的工件下降,与带状片材(料带)分离。

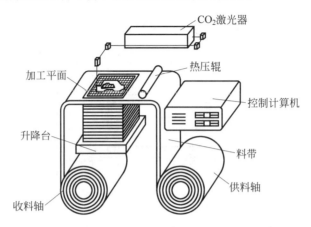

图 5-1-12 LOM 的工艺原理

供料机构转动带动收料轴和供料轴,带动料带移动,使新层移到加工区域,工作台上升到加工平面,热压辊热压,工件的层数增加一层,高度增加一个料厚,再在新层上切割截面轮廓。如此反复直至零件的所有截面粘接、切割完,得到分层制造的实体零件。

这种加工方法只需加工轮廓信息,所以可以达到很高的加工速度,但材料的范围很窄。每层厚度不可调整是最大缺点。图 5-1-13 所示为 LOM 制作的原型。

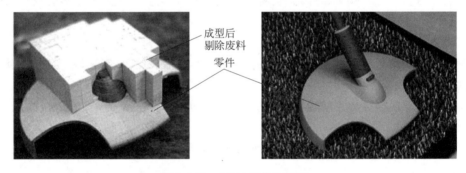

图 5-1-13 LOM 制作的原型

(2)分层实体制造(LOM)的优点。

① 成型速度较快。

② 原型精度高,翘曲变形较小。

③ 原型能承受高达 200℃的温度,有较高的硬度和较好的力学性能。

④ 无须设计和制作支撑结构。

⑤ 可进行切削加工。

⑥ 废料易剥离,无须后固化处理。

⑦ 可制作尺寸大的原型。

⑧ 原材料价格便宜,原型制作成本低。

(3)分层实体制造(LOM)的缺点。

① 不能直接制作塑料原型。

② 原型(特别是薄壁件)的抗拉强度和弹性不够好。

③ 原型易吸湿膨胀。因此,成型后应尽快进行表面防潮处理(树脂、防潮漆涂覆等)。

④ 原型表面有台阶纹理,难以构建形状精细、多曲面的零件,仅限于结构简单的零件。因此,成型后需进行表面打磨。

(4)分层实体制造(LOM)的后处理。

分层实体制造的后处理有余料去除、表面处理。

3. 粉末材料选择性激光烧结(SLS)

(1)粉末材料选择性激光烧结(SLS)的基本原理。SLS工艺是利用粉末状材料成型的。将材料粉末铺洒在已成型零件的上表面,并刮平;用高强度的CO_2激光器在刚铺的新层上扫描出零件截面;材料粉末在高强度的激光照射下被烧结在一起,得到零件的截面,并与下面已成型的部分连接;当一层截面烧结完后,铺上新的一层材料粉末,用CO_2激光器根据截图轮廓有选择性地烧结(见图5-1-14)。烧结完成后去掉多余的粉末,再进行打磨、烘干等处理得到零件。

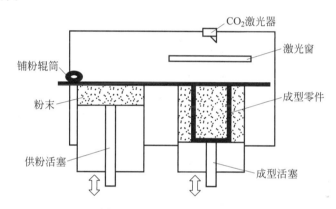

图 5-1-14 SLS 的工艺原理

这种方法适用的材料范围广(适用于聚合物、铸造用蜡、金属或陶瓷粉末),特别是在金属和陶瓷材料的成型方面具有独特的优点。目前成熟的工艺材料为蜡粉及塑料粉,用金属粉或陶瓷粉进行粘结或烧结的工艺还正在实验阶段。图5-1-15所示为采用SLS直接制得的功能零件。

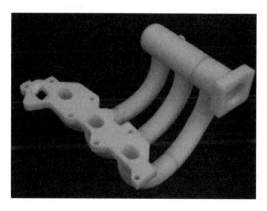

图 5-1-15 SLS 直接制得的功能零件

（2）粉末选择性激光烧结（SLS）的优点。

1）可以采用多种材料。

② 过程与零件复杂程度无关，制件的强度高。

③ 材料利用率高，未烧结的粉末可重复使用，材料无浪费。

④ 无须支撑结构。

⑤ 与其他成型方法相比，能生产较硬的模具。

（3）粉末选择性激光烧结（SLS）的缺点。

① 原型结构疏松、多孔，且有内应力，制件易变形。

② 生成陶瓷、金属制件的后处理较难。

③ 需要预热和冷却。

④ 成型表面粗糙多孔，并受粉末颗粒大小及激光光斑的限制。

⑤ 成型过程产生有毒气体和粉尘，污染环境。

（4）粉末选择性激光烧结（SLS）的后处理

粉末选择性激光烧结（SLS）的后处理有高温烧结、热等静压、熔浸、浸渍。

4. 丝状材料选择性熔融沉积制造（FDM）

（1）丝状材料选择性熔融沉积造型（FDM）的基本原理。FDM 的材料一般是热塑性材料，如蜡、ABS、尼龙等，以丝状供料。材料在喷头内被加热熔化。喷头沿零件截面轮廓和填充轨迹运动，同时将熔化的材料挤出，材料迅速凝固，并与周围的材料凝结（见图 5-1-14）。如果热熔性材料的温度始终稍高于固化温度，而成型的部分温度稍低于固化温度，就能保证热熔性材料挤出喷嘴后，随即与前一个层面熔结在一起。一个层面沉积完成后，工作台按预定的增量下降一个层的厚度，再继续熔喷沉积，直至完成整个实体造型。

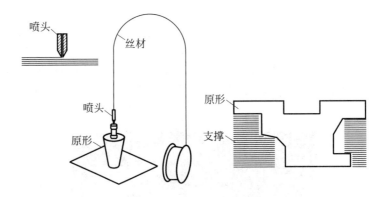

图 5-1-14　FDM 的工艺原理

（2）丝状材料选择性熔融沉积造型（FDM）的优点。

① 能够直接作出 ABS 塑料件，有比较好的综合力学性能。

② 成本低，材料利用率高，无污染。

③ 原材料以材料卷的形式提供，易于搬运和快速更换。

④ 可选用多种材料，如各种色彩的工程塑料 ABS、PC、PPSF 以及医用 ABS 等。

图 5-1-15　FDM 制得的原型

⑤ 原材料在成型过程中无化学变化,制件的翘曲变形小。

⑥ 用蜡成型的原型零件,可直接用于熔模铸造。

⑦ 设备体积小,适合办公环境内使用.

(3) 丝状材料选择性熔融沉积造型(FDM)的缺点。

① 原型的表面有较明显的条纹。

② 沿成型轴垂直方向的强度比较弱。

③ 需要设计与制作支撑结构。

④ 需要对整个截面进行扫描涂覆,成型时间较长。

⑤ 原材料价格昂贵。

(4) 丝状材料选择性熔融沉积造型(FDM)的后处理有:

① 对 FDM 原型的机体进行增强处理。

② 对原型的表面进行涂覆。

③ 对原型的表面进行粗抛。

④ 表面喷涂。

5.3D 打印(3DP)工艺

(1) 3DP 工艺的工作原理。3DP 工艺与 SLS 工艺类似,采用粉末材料成型,如陶瓷粉末、金属粉末。所不同的是材料粉末不是通过烧结连接起来的,而是通过喷头用粘接剂(如硅胶)将零件的截面"印刷"在材料粉末上面(见图 5-1-16)。用粘接剂粘接的零件强度较低,还须进行后处理。先烧掉粘接剂,然后在高温下渗入金属,使零件致密化,提高强度。

(2) 3DP 工艺的特点。3DP 工艺采用打印机喷头,不需要支撑。材料可以是尼龙、玉米、塑料、陶瓷、蜡和金属粉末等,材料更广泛,可以重复利用。

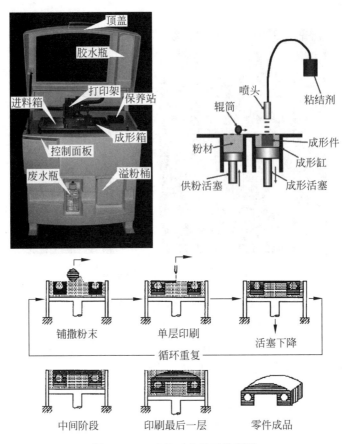

图 5-1-16　3DP 工艺的工作原理

6. 几种典型 RP 工艺的比较（见表 5-1）

表 5-1　几种典型 RP 工艺比较

	原型精度	面质量	复杂程度	零件大小	材料价格	材料利用率	常用材料	制造成本	生产效率	设备费用	市场占有率
SLA	较高	优	中等	中小件	较贵	接近100%	热固性光敏树脂等	较高	高	较贵	78%
LOM	较高	较差	简单或中等	中大件	较便宜	较差	纸、金属箔、塑料薄膜等	低	高	较便宜	7.3%
SLS	较低	中等	复杂	中小件	较贵	接近100%	塑料、金属、陶瓷粉末等	较低	中等	较贵	6.0%
FDM	较差	较差	中等	中小件	较贵	接近100%	石蜡、塑料、低熔点金属等	较低	较低	较便宜	6.1%

五、快速成型技术的发展趋势

1. 金属零件、功能梯度零件的直接快速成型制造技术

目前,快速成型技术主要用于制作非金属样件,由于其强度等机械性能较差,远远不能

满足工程实际需求,所以其工程化实际应用受到较大限制。从 20 世纪 90 年代初开始,探索实现金属零件直接快速制造的方法已成为 RP 技术的研究热点,国外著名的 RP 技术公司均在进行金属零件快速成型技术研究。可见,探索直接制造满足工程使用条件的金属零件的快速成型技术,将有助于快速成型技术向快速制造技术的转变,能极大地拓展其应用领域。此外,利用逐层制造的优点,探索制造具有功能梯度、综合性能优良、特殊复杂结构的零件,也是一个新的方向发展。

2. 概念创新与工艺改进

目前,快速成型技术的成型精度为 0.01mm 数量级,表面质量还较差,有待进一步提高。最主要的是成型零件的强度和韧性还不能完全满足工程实际需要,因此如何完善现有快速成型工艺与设备,提高零件的成型精度、强度和韧性,降低设备运行成本是十分迫切的。此外,快速成型技术与传统制造技术相结合,形成产品快速开发—制造系统也是一个重要趋势,如快速成型技术结合精密铸造,可快速制造高质量的金属零件。另一方面,许多新的快速原型制造工艺正处于开发研究之中。

3. 优化数据处理技术

快速成型数据处理技术主要包括将三维 CAD 模型转存为 STL 格式文件和利用专用 RP 软件进行平面切片分层。由于 STL 格式文件的固有缺陷,会造成零件精度降低。此外,由于平面分层所造成的台阶效应,也降低了零件表面质量和成型精度,优化数据处理技术可提高快速成型精度和表面质量。目前,正在开发新的模型切片方法,如基于特征的模型直接切片法、曲面分层法。

4. 开发专用快速成型设备

不同行业、不同应用场合对快速成型设备有一定的共性要求,也有较大的个性要求。如医院受环境和工作条件的限制,外科大夫希望设备体积小、噪音小,因此开发专门针对医院使用的便携式快速成型设备将很有市场潜力。另一方面,汽车行业的大型覆盖件尺寸多在 1m 左右,因此研制大型的快速成型设备也是很有必要的。

5. 成型材料系列化、标准化

目前快速成型材料大部分是由各设备制造商单独提供的,不同厂家的材料通用性很差,而且材料成型性能还不十分理想,阻碍了快速成型技术的发展。因此,开发性能优良的专用快速成型材料,并使其系列化、标准化,将极大地促进快速成型技术的发展。

6. 拓展新的应用领域

快速成型技术的应用范围正在逐渐扩大,这也促进了快速成型技术的发展。目前快速成型技术在医学、医疗领域的应用,正在引起人们的极大关注,许多科研人员也正在进行相关的技术研究。此外,快速成型技术结合逆向工程,实现古陶瓷、古文物的复制,也是一个新的应用领域。

任务实施

1.　__快速成型__　技术是近年来发展起来的直接根据 CAD 模型快速生产样品或零件的成组技术总称,它集成了 CAD,CAM 技术、激光技术和材料技术等现代科技成果,是先进制造技术的重要组成部分。

2. ___传统___加工方法是在物体上根据产品外形要求进行切削铣,钻孔等"___减___"操作。而___快速成型___技术与传统加工工艺最大的区别是用___材料堆积___原理制造三维实体零件,是"___加___"操作。

3. 快速成型技术在___汽车___、___铸造领域___、___通讯行业___、___家用电器___、___动漫___、___医疗___、___工艺品___等行业都有广泛的应用。

4. 简述快速成型技术的加工原理。

答:快速成型的加工原理是依据计算机设计的三维模型(设计软件可以是常用的 CAD 软件,例如 SolidWorks、Pro/E、UG、POWERSHAPE 等,也可以是通过逆向工程获得的计算机模型),进行切片处理,逐层加工,层叠增长。它是将复杂的三维实体模型"切"(Spice)成设定厚度的一系列片层(图 5-1-1),从而变为简单的二维图形,层层叠加而成。

5. 简述快速成型的基本方法。

答:(1)三维 CAD 模型的构建;(2)CAD 模型的离散,近似处理;(3)CAD 模型的分层处理,对 STL 文件切片处理;(4)成型加工;(5)成型零件的后处理。

6. 简述快速成型的技术特点。

答:(1)可生成高复杂度的产品;(2)RP 技术是计算机、数控、激光、材料和机械等技术的综合集成;(3)固定的制造成本;(4)快速原型零件制造从 CAD 设计到原型(或零件)的加工,速度比传统的成型方法要快得多。

7. 列举几种常见的 RP 工艺并熟悉其工艺原理与优缺点。

答:发展较为成熟的主要有以下五种类型:光固化成型(SLA)、分层实体制造(LOM)、粉末材料选择性激光烧结(SLS)、丝状材料选择性熔融沉积(FDM)、3D 打印(3DP)工艺。

每种 RP 工艺的原理请参考相关知识部分内容。

任务评价

完成本任务布置的相关题目,根据操作评价表中的内容进行自我评价和同学互评。

序号	评价内容	😊	😐	😞
1	快速成型技术的加工原理			
2	快速成型技术的应用			
3	快速成型的技术特点			
4	几种典型的 RP 工艺			
5	典型 RP 工艺的原理及其优缺点			

归纳梳理

- 本任务中学习了快速成型技术的相关知识;
- 掌握快速成型的加工原理;
- 重点掌握几种典型 RP 工艺的原理及其优缺点;
- 了解快速成型技术的发展及应用范围。

巩固练习

查阅资料,进一步掌握几种典型 RP 工艺的相关知识。根据实际情况,可安排实地参观,以加深学生的理解。

任务 5.2 GI-A 快速成型机的操作

任务目标

- 掌握 GI-A 快速成型机的工作原理;
- 掌握 GI-A 快速成型机的操作方法;
- 能利用 GI-A 快速成型机加工工件。

任务内容

图 5-2-1 所示为玩具小鸭的逆向造型数据(STL 格式),请将其导入 GI-A 快速成型机并加工快速成型工件。

图 5-2-1 玩具小鸭逆向数据

任务分析

正向设计结合逆向造型技术得到的三维模型,为了验证其在外观及性能等各方面的可行性,需用快速加工的方法加工出来。与传统的制造方法相比,应用快速成型技术可以节省大量人力和物力。

相关知识

本书中以北京殷华公司生产的快速成型机 GI-A(见图 5-2-2)为例介绍快速成型机的使用。该仪器采用熔融挤压的原理,能将 CAD 模型快速分层处理,采用双喷头(见图 5-2-3)的设计技术（一个喷头喷成型材料，一个喷头喷支撑材料），通过材料累加制造和融熔挤压方式，获得三维物理实体，支撑材料容易从成型样件上去除，成型材料采用 ABS 丝材，成型速度快，成型样件强度好，可打磨、易于装配。该仪器的成型精度为±0.2mm/100mm，成型空间为 255mm×255mm×310mm，成型厚度可在 0.15～0.4mm 之间进行分层厚度调节。

图 5-2-2 快速成型机 GI-A

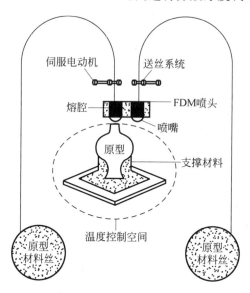

图 5-2-3 双喷头 FDM 的工艺原理

熔融挤压成型设备的优点是国内外现有设备中运行成本最低的。此种工艺的设备无须激光器，省掉二次投入的大量费用。此种工艺的特点是既可以将零件的壁内做成网状结构，也可以将零件的壁做成实体结构。这样当零件壁内是网格结构时可以节省大量材料。由于原材料为 ABS 塑料（密度小），所以一千克材料可以制作大量原型。而且原材料的品种多，原材料的更换只需要将丝盘更换即可，操作方便，利于用户根据不同的零件选择不同的材料。熔融挤压成型的零件成型样件强度好、易于装配，且在产品设计、测试与评估等方面得到广泛应用。由于熔融材料堆积成型工艺具有一些显著优点，该工艺发展极为迅速。

一、快速成型系统操作流程（见图 5-2-4）

（1）按电源按钮，系统上电。

（2）开启计算机，启动软件。

（3）执行"三维打印机"→"初始化"命令，进行系统初始化。

（4）载入 STL 模型。

（5）模型分层。

（6）载入辅助结构。

（7）执行"三维打印"→"打印模型"。

（8）输入工作台的高度。

（9）模型开始制作。

（10）模型制作完毕，工作台下降，取出模型。

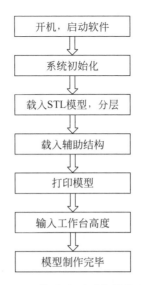

图 5-2-4 快速成型系统操作流程

（11）表面处理，模型制作完毕。

二、快速成型系统使用注意事项

（1）开温控后，严禁触摸喷头和成型室加热风道；

（2）温控关闭 15 分钟后，喷头和成型室温度降低到室温后方可触摸喷头和风道。

（3）在更换丝材或更换喷嘴时首先要对设备进行升温，要把温度升到程序所设定的温度才能操作。

（4）更换喷头需先升温将材料撤出，然后等待喷头温度降低至室温后断电操作。

（5）模型制作过程中，严禁打开设备门。

（6）模型制作过程中，严禁向设备内伸手。

（7）模型制作过程中，严禁使用控制计算机进行其他工作。

（8）设备发生不正常现象或故障时，应立即停机排除，或通知维修人员检修。

（9）禁止操作者以外的其他人员操作设备。

（10）按动按键时用力适度，不得用力拍打键盘、按键和显示屏、禁止敲打丝杠、导轨、电机、喷头等零部件。

任务实施

玩具小鸭的逆向造型数据为 STL 格式，将其导入 GI-A 快速成型机，可利用熔融挤压原理加工出玩具小鸭的快速成型模型。

STEP1 开机准备。打开 GI-A 快速成型机的电源开关及测量软件 Aurora。选择"文件"→"三维打印机"→"连接"指令，直到出现连接完成界面（见图 5-2-5）。选择"文件"→"三维打印机"→"初始化"指令，快速成型机的工作台开始复位，直到出现初始化完成界面，如图 5-2-6 所示。

图 5-2-5　"连接完成"界面　　　　　图 5-2-6　"初始化完成"界面

STEP2　载入模型。软件界面的工具条上选择"载入模型"指令，导入玩具小鸭的 STL 格式数据。选择"自动排放"指令，将数字模型自动排放在工作台上，如图 5-2-7 所示。在软件界面的左侧可以看到玩具小鸭的模型信息。

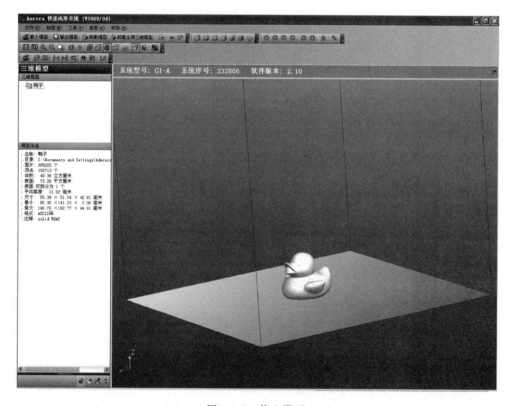

图 5-2-7　载入模型

STEP3　模型分层。选择"模型分层"指令，出现"分层参数"对话框如图 5-2-8 所示。可根据实际需要设置分层参数，也可调用默认的参数集。此例中调用 L15 的参数集，打印工件的每层厚度为 0.15mm。

STEP4　打印模型。选择"文件"→"三维打印"→"打印模型"指令，设置工作台高度，出现打印信息界面，如图 5-2-9 所示。在此界面可以看到打印分层数、所用时间、所需耗材等参数。图 5-2-10 所示为 GI-A 快速成型机正在打印模型。图 5-2-11 所示为刚打印完成的玩具小鸭模型。

STEP5　模型后处理。打印完成后，将模型从工作台上取下，去掉支撑材料，进行局部打磨修正，就可得到玩具小鸭的快速成型制件，如图 5-2-12 所示。

分层参数(单位:mm)
分层
C:\Documents and
高度: 0.00--44.91
层厚: 0.15
参数集: L15
起点: 0
终点: 44.90862044
支撑
支撑角度: 50
支撑线宽: 0.45
支撑间隔: 8
最小面积: 5
表面层数: 2
支撑轮廓
路径
轮廓线宽: 0.4
扫描次数: 1
填充线宽: 0.4
填充间隔: 6
填充角度: 45.0,135.0 (循环)
填充偏置: 0,0 (循环)
水平角度: 45
表面层数: 3
交叉率: 0
计算精度: 0.02
支撑间距: 0.325
强制封闭轮廓
双喷头
高级设定
确定
取消

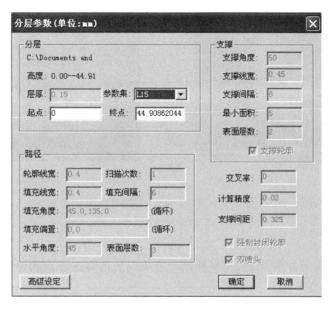

图 5-2-8 分层参数

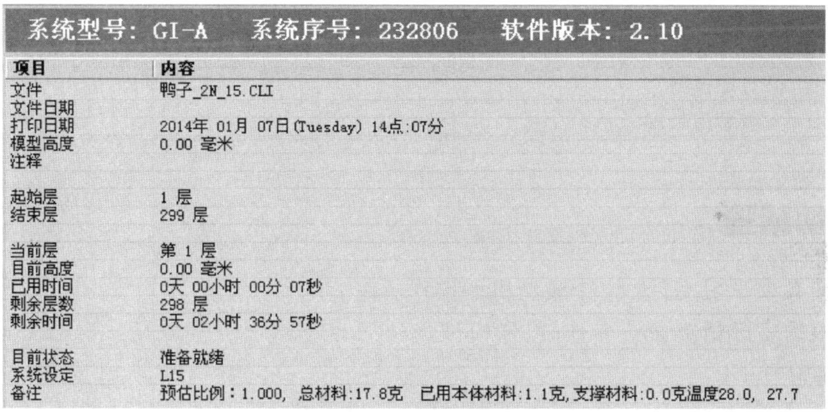

系统型号: GI-A 系统序号: 232806 软件版本: 2.10
项目 内容
文件 鸭子_2N_15.CLI
文件日期
打印日期 2014年 01月 07日(Tuesday) 14点:07分
模型高度 0.00 毫米
注释
起始层 1 层
结束层 299 层
当前层 第 1 层
目前高度 0.00 毫米
已用时间 0天 00小时 00分 07秒
剩余层数 298 层
剩余时间 0天 02小时 36分 57秒
目前状态 准备就绪
系统设定 L15
备注 预估比例:1.000, 总材料:17.8克 已用本体材料:1.1克,支撑材料:0.0克温度28.0, 27.7

图 5-2-9 打印信息界面

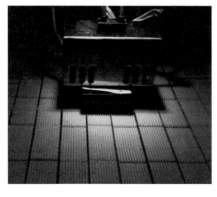

图 5-2-10 正在打印模型

图 5-2-11　刚打印完成的模型

图 5-2-12　处理后的模型

任务评价

完成本任务布置的相关题目,根据操作评价表中的内容进行自我评价和同学互评。

序号	评价内容	😊	😐	☹
1	开机准备			
2	载入模型			
3	模型分层			
4	打印模型			
5	模型后处理			

归纳梳理

- 本任务中学习 GI-A 快速成型机的操作;
- 能根据实际情况设置参数,打印模型。

巩固练习

图 5-2-13 所示为海宝的 STL 格式数字模型,请将其导入 GI-A 快速成型机加工快速成型制件。

图 5-2-13　海宝的数字模型

参 考 文 献

[1] 李岩,花国梁.精密测量技术(修订版)[M].北京：中国计量出版社,2008.

[2] 陈雪芳,孙春华.逆向工程与快速成型技术应用.[M].北京：机械工业出版社,2009.

[3] 王隆太.先进制造技术.[M].北京：机械工业出版社,2003.

[4] 杨旭东.表面粗糙度测量仪的工作原理分析及其改进方案[J].贵州工业大学学报(自然科学版).贵阳：贵州工业大学机械系,2001年第30卷第1期.

[5] 成思源,张湘伟,黄曼慧.逆向工程技术及其在模具设计制造中的应用[J].机械设计与制造.广州：广东工业大学机电工程学院,2009年06期.

[6] 许文全,何文学,陈国金.反求工程技术及其应用[J].铸造.长沙：湖南科技职业学院,2005年第54卷第8期.

[7] 李岳凡,陈锋.反求工程技术在新产品开发中的应用[J].机械设计与制造.广州：华南理工大学,2006年第3期.

[8] 冯勇刚,周郁.逆向工程技术在模具上的应用[J].模具工业.桂林：桂林电器科学研究所,2008年第34卷第8期.

[9] 方锐栋.反求与快速成型技术在模具中的探讨[J].科技风.石河子：新疆天业集团模具中心,2011年第10期.

[10] 牛爱军,党新安,杨立军.快速成型技术的发展现状及其研究动向[J].金属铸锻焊技术.西安：陕西科技大学机电工程学院,2008年第37卷第5期.

[11] 罗辑,黄强,陈世平,袁冬梅.快速成型技术及其对制造业的影响[J].机床与液压.重庆：重庆工学院,2006年第3期.